可持续性计量法

——以实现可持续发展为目标的设计、规划和公共管理

[美] W·塞西尔·斯图尔德
莎伦·B·库斯卡　著

刘　博　译

中国建筑工业出版社

著作权合同登记图字：01-2011-7580号

图书在版编目（CIP）数据

可持续性计量法——以实现可持续发展为目标的设计、规划和公共管理 /（美）斯图尔德等著；刘博译.
北京：中国建筑工业出版社，2013.10
　ISBN 978-7-112-16031-0

Ⅰ.①可… Ⅱ.①斯… ②刘… Ⅲ.①可持续性发展–
研究–美国 Ⅳ.① X22

中国版本图书馆CIP数据核字（2013）第257217号

本书由美国 Greenway Communications 出版集团和 W. Cecil Steward & Sharon B. Kuska 授权我社翻译出版

责任编辑：刘　江　率　琦
责任设计：陈　旭
责任校对：陈晶晶　关　健

可持续性计量法
——以实现可持续发展为目标的设计、规划和公共管理

［美］ W·塞西尔·斯图尔德　　著
　　　 莎伦·B·库斯卡
　　　 刘　博　译

*
中国建筑工业出版社出版、发行（北京西郊百万庄）
各地新华书店、建筑书店经销
北京三月天地科技有限公司制版
恒美印务（广州）有限公司印刷厂印刷
*
开本：880×1230毫米　1/32　印张：4¼　插页：1　字数：150千字
2014年1月第一版　2014年1月第一次印刷
定价：**45.00**元
ISBN 978-7-112-16031-0
　　　　　（24811）

目　　录

祝　　贺

W·塞西尔·斯图尔德教授与莎伦·B·库斯卡教授的著作《可持续性计量法——以实现可持续发展为目标的设计、规划和公共管理》在中国首次隆重发行！

乔斯林可持续社区研究所（JISC）在中国唯一授权使用JISC知识产权的战略合作伙伴：

广州赛诺博恩低碳工程研究有限公司

（Guangzhou SUNBORN Low Carbon Engineering Research Co., Ltd）

致　　谢

任何在实现可持续发展道路上作出的切实可行的努力都有整个团队的积极参与。这个团队拥有才华横溢的成员，并得到许多有着共同目标的人们的帮助。本书的出版就是如此，其框架和内容从概念阶段直到最终成稿，整个过程凝聚了很多人的努力，他们包括与我们共同合作交流并共享成果的社团、组织、学生、同事，以及国内外的朋友。我们在此衷心感谢所有参与可持续计量方法研究工作的同仁们，感谢你们出色而默默无闻的贡献。

在针对可持续性研究的学习和交流过程中，很多人提供了非常重要的帮助。我们必须在这里感谢以下人员：克里斯蒂娜·亨特（Christine Hunt），内布拉斯加州大学的新闻系研究生助教，她在消费者的消费行为方面进行了重要的研究和写作；阿普丽尔·基克（April Kick），内布拉斯加州大学建筑系研究生助教，她在本文研究及项目过程中进行案例分析，并在计算机图形处理和图像通信中发挥了重要作用；ArchRival，林肯市的一家出众的设计公司，感谢其在 EcoSTEP 工具图形和初级模拟，以及计算机再现方面做出的贡献；迪亚娜·瓦尼克（Diane Waneki），乔斯林（Joslyn）可持续社区研究所的联络处主任，她的平面设计能力，在项目过程中对印刷纸品及媒体通信等细节的关注非常重要，她在研究所的工作，对我们关于社区可持续性的概念和构想起到了建设性的帮助作用；凯蒂·托比（Katie Torpy），乔斯林可持续社区研究所的项目总监和行政经理，感谢她对本书的审阅和评论，以及研究所相关工作中基础事务的组织管理；戴维·奥克斯纳（David Ochsner），感谢他在乔斯林研究所工作团体形成过程中的项目支持，同时感谢他在本书改进过程中的审阅、评论和交流；尼古拉斯·尤（Nicholas You），联合国人居计划主任助理，感谢他在乔斯林研究所向世界其他地区城市传播持续价值观和项目过程中的参与；玛丽·佛迪格（Mary Ferdig），位于奥马哈市（Omaha）的非营利组织——可持续发展领导协会的创始人和总裁，她教会我们和许多其他人：怎样才能指引和领导人类活动达到可持续发展状态这个最终目标；杰伊·雷特（Jay Leighter），克雷顿大学的助理教授，他与我们交流以建设可持续发展社区为目标，所必需的关于社区通信的新方法、准则和态度；简·盖博瑞（Jane Gaboury），绿道集团（Greenway Group）的编辑，感谢她熟练的、和善的、彻底的编辑服务；詹姆斯·克拉默（James Cramer），亚特兰大绿道集团公司创始人和首席执行官，感谢他的友善，专业的建议，明智的忠告，可持续发展规划，以及对本书最终出版的认可。

最后，必须将最诚挚的谢意送给作者的家人：库斯卡（Kuska）家庭和斯图尔德（Steward）家庭，前进的道路上如果没有家人的包容和坚持不懈的支持，上述提及的研究合作和工作成果都是不可能实现的。感谢你们！

W·塞西尔·斯图尔德

莎伦·B·库斯卡

序　言

为了理解"可持续性计量"这个概念，在这里有必要先解释一下"可持续性"的现有概念，以及支撑这个概念的三个支柱体系——环境、社会、经济。这三个方面旨在揭示当代人们的生活方式，以及如何将其变得更具关联性。[1]

我们将展示可持续性的三个支柱体系转化到可持续性计量的五个领域的过程，这五个领域包括：环境、社会文化、技术、经济、公共政策。在此基础上，我们介绍EcoSTEP[SM]评估工具，用来在各种形式的设计、规划、公共管理问题的解决过程中提供帮助。这个工具能够协助设计师、规划师、开发商、后勤经理、制造商、建造商、管理者进行决策，寻找可持续发展中的关键评价指标，并结合各个可持续性领域间的互相依赖性、相对权重以及平衡关系。

本书有三个目标：

■ 协助读者理解五个可持续性领域体系的重要性（替代原有的可持续性的三个支撑方面）和它们之间相互依赖相互影响的关系。

■ 将线性的、简化的思维，与一种对最优可持续发展结果进行分析的思维过程进行对比。

■ 分别在一系列模型、评价指标、项目规模等方面，展示了计量可持续性工具EcoSTEP^{SM}，在设计和计划（或其以可持续发展为目标的建筑环境）转化为期望成果的过程中，这个工具有巨大的应用价值。

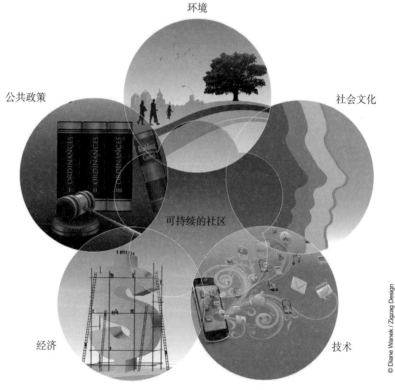

图1　可持续的社区组成

可持续性的五个领域 [2]

- "环境领域"包括评估影响、自然资源以及使用的系统限制；强调区域和微观的环境状况变化，以及该领域对其他四个领域各自产生的影响范围。

- "社会文化领域"包括对不同文化的区别和模式的解读；对历史和当代的价值观和发展趋势的认知；可持续发展文化的增长特性；衡量社会和文化方面健康发展的重要指标；对社会和环境平衡发展的考虑；社会道德，以及该领域对其他四个领域各自产生的影响范围。

- "技术领域"主要包括历史上的、当代的技术应用和未来技术运用趋势，强调在设计及规划中考虑恰当的技术手段；以可再生或可循环利用资源为原料的技术及产品；对建筑物及社区的可持续发展产生影响的技术手段；科学技术手段的生命周期成本、可用性、成效，以及该领域对其他四个领域各自产生的影响范围。

- "经济领域"包括将初期投资与建筑生命周期成本相结合；可持续发展成本收益的特点；在全球自由资本市场环境下的自然和社会的投资成本（由自然资源、生命系统和生态构成）与社会资本（指交通、卫生、通信等基本设施）的成本；向现有经济体制下的"计划报废"制度（指为使产品迅速更新而控制一定的质量寿命）发出挑战；可持续发展方针下的公共和个人资本的投资策略，以及该领域对其他四个领域各自产生的影响范围。

■ "公共政策领域"包括其对长期可持续性规划及设计的影响；为了共同利益而对有限资源进行的控制；在自然系统承载能力范围内对经济、社会文化、技术等方面需求的平衡掌控；旨在保护脆弱的自然资源和生态系统的公共政策；在社区、县、州、整个地区乃至国家层面上的公共政策及其跨辖区影响，以及该领域对其他四个领域各自产生的影响范围。

这些领域是互不可分、相互作用、相互依存的。这种格式化的图示形式将社会的资源材料使用方面所有的要素综合考虑，避免我们的思考进入牛角尖而导致排斥性的行为和非预期的结果。使用由这五个领域组成的图示，我们可以对任何发展方案（可以是单一建筑、居住街道、商业区、社区、城市甚或整个地区）进行规划，判断其是否会随着时间而失去长期可持续发展的可行条件。在筹划和规划过程中，设计师、规划师、管理者面临的挑战是在独特的社会背景下，为特定的项目确定恰当的措施，来维持可持续发展的条件。

下文中，我们会详细描述在可持续发展五大领域中选择恰当的指示标志的理由和经验。这些测量指示标志能够在这五大领域之间确定发展的优先权，把握发展进程。我们把这些指示标志的运作原理和任务目标的集合，定义为"可持续性计量法"——一个针对已建成环境的可持续性发展的全面的度量系统。

第1章　可持续性计量法[3]

自20世纪90年代开始，可持续发展理念就已经深入人心并被广泛推广，典型的可持续发展的定义可以归纳为：用一种不会使人类后代对资源的需求受到阻碍的方式，合理地分配和利用地球上现有的资源。[4]虽然许多学者和从业者都承诺在环境、社会、经济三个传统的可持续发展领域约束下开展工作，但实践的结果表明，在几乎每一个政治、社会、文化、城市、郊区或农村环境下，人类的生存发展尚未达到真正的可持续发展的状态。在公众场合、政府、专业会议论坛上，决策者和可持续发展的倡导者们持续讨论并摸索着切实有效的明确的可持续发展的概念和轮廓，来指导人们达到真正的可持续发展的状态，达到避免地球资源消耗和人类消耗这些资源的需求及欲望的平衡点。他们不断争论着这些自然上、地理上、政治上有限的可用资源的所有权，有时针锋相对，并由此导致暴力冲突和战争行动。

近25年来，对"可持续发展"这个术语的公众理解和普遍使用的水平程度已达到新的高度。然而，不同的使用倾向和大相径庭的价值观和关系扭曲了"可持续发展"的真正文字含义，尤其是当"可持续"（sustain）这个词及其衍生词成为用来描述公共行动的动词。含义和解释上的不同和分歧，导致已经在不断变化的、相互关联、相互依存的管理和解决问题的系统构架变得进一步复杂，并经常出现混乱的误解。

组织行为学者玛格丽特·惠特利（Margaret Wheatley）描述了一个21世纪社会窘境的写照，她说："所谓科学的世界观……不再隐

1

藏在书本中。它以这个时代的战争、恐怖主义活动、流离失所的人群、飓风、地震、海啸等一系列可怕的图像，充斥在新闻报道和电视屏幕中。全球范围的动荡和相互影响，成为我们日常生活的一部分。我们通过政府、组织，甚至是个人的努力来应对这些挑战和威胁，但是，我们的行动总以失败告终。不管我们做什么，总是找不到稳定和持久的解决办法。现在我们应该意识到，利用老的条条框框是不能真正地适应这个新世界的。我们的世界观需要改变。只有这种转变可以让我们有能力明确地认识周遭发生的问题，并做出明智的回应。"[5]

可持续性的原则，尤其是对上述五个关键领域的更全面的看法，融合形成了一个新的世界观。因此，我们需要一张新的"寻宝图"，来寻找更有效的方法，来驾驭城市建设、社会构建、产品生产过程中出现的变化和混乱。为了能够在可持续的环境中生活，一个能够标定当前发展状态和环境的基准，一种能够对发展进程是否偏离可持续发展要求的衡量手段，是很有必要的。正如人们所说的："我们只能够管理我们能够测量的事物。"[6]

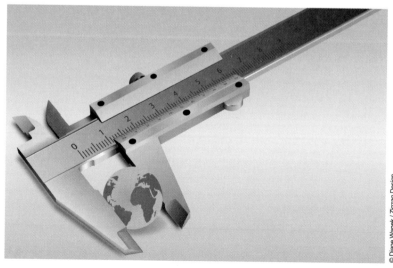

© Diane Wanek / Zigzag Design

自19世纪初开始，人类一直坚持认为这张关键的"寻宝图"来自经济学的社会科学。工业革命时期，当人类有能力使用能源完成从自然原始资源向快速、批量的工业化产品大生产的转化，我们主要根据标准化的做法来定位不同资源或者产品的价格。对商品和服务估价的共同经验，形成了贸易和交易市场。市场为了保持其生存能力，出现了用于交易的人工价值符号，从而代替了物物交换，即货币和信贷，同时，市场的成长和复杂性引发了人们对贸易模式、生产模式、消费决断模式的研究和归纳，即经济学。

由于贸易、生产和消费模式已变得更广泛和更复杂（全球经济证明了这一点），国家贸易、商业中心贸易往来开始需要针对商品和货币在经济体系内的流动进行跟踪、评估、研究和管理。随着经济体系内相互作用和相互依存的关系更加复杂，管理经济体系的工作也变得更加难以驾驭。这使得社会科学学者、经济学家开始应用数学的方法来研究和预测经济状况（即计量经济学）。

根据经济学家朗纳·弗里施（Ragnar Frisch）在1933年给出的定义，"计量经济学的主要研究任务是开发和运用量化的、统计学的

© Aldo Murillo / iStockPhoto and Diane Wanek / Zigzag Design

方法来研究和解释经济学中的原理。这个领域中已开发出利用联立方程模型来进行鉴定和评价经济学问题的方法。这些方法使研究人员在缺乏可控制对照实验的情况下也能够得出因果推论。"[7]

经济学家使用计量经济学方法，对整体经济的诸多元素进行预测并模拟，进而识别其中的关键影响指标。这些指标及推论能够预测未来货物、服务和资源的流通和需求（即对一切人类制造和销售的任何东西的未来价值做出预测），进而在资本、货币和消费市场中发挥作用。

通过更宽阔的视野和更好的理解，现在我们应该意识到：自然资源的延续性是必要的，与我们息息相关的工业化产品制造中消耗着的能源是有限的；为了实现人类社会文化、居住环境的可持续发展的目标，我们需要做出选择。

一种选择就是在全世界范围内限制自然资源的单位消耗量（在保障正常的有活力的经济业务环境的前提下）。为达到这一目标，最有可能的两个备选的实现方法是：寻求一种能降低全球以及地区人口数量的方法（在实施这种政策的中国，这种调整政令并未在其资源消耗控制上做出直接贡献[8]），或者改变地球上每个人的生活习惯和生活模式，减少他

© largeformat4x5 / iStockPhoto

们对于原材料，以及对其他人生产的商品的消耗。可以想象这种选择和两个实现方法似乎极可能在这些缩减政策的实施及执行上面临巨大的挑战。

经济学家将会预测，这样的措施，会带来全球范围的所有市场的崩溃；社会科学家将会预测，社会混乱将接踵而至，因为有限资源竞争而引发的地区冲突将愈演愈烈；甚至环保人士都将承认，这

全球人口密度分布

每平方公里的人数

	0 - 10
	10 - 25
	25 - 50
	50 - 75
	75 - 100
	100 - 150
	150 - 300
	300 - 1000
	1000+

© Jakob Leitner, Peeter Viisimaa and Warren Goldswain / iStockPhoto and Diane Wanek / Zigzag Design

样一个局势，反而将加速真正需要保护的资源的破坏进程；城市管理者和政府官员将更加难以处理这种紧缩政策带来的贫富人群间的分配相对不均问题，更加难以维持他们之间的和平共处、公共安全和秩序。[9]新技术的需求量和运用机会将被减少，全球范围内对改革、创新和文化融合的追求将萎缩。总之，世界上大多数文化中的人文精神，将被推入一个消极的、倒退的模式。

这里我们有第三种可选模式：加快教育的步伐，增加教育的内容，学习使用一种更全面的分析、决策理论、度量系统，将对商品的设计、使用、再利用的过程建立在节约品德，而不是消费理念的基础上。总之，我们需要一个关于地球资源和资源分配的思考框架，

5

在保持改革和创新的自由发展的前提下，达到减少消耗不可再生资源的目的。在这个方式下，世界各种文化模式中的那些既有利于人类生活质量和利益（在有限资源允许范围内），又有利于可持续发展的产品和服务，将继续受到重视，可以继续营销和交易。原有的商业、工业以及有效并重要的工作和经济体制仍将继续运行（即使新开发的绿色经济将会创造出新的就业机遇、商机和市场[10]）。大多数产品将用可再生原料设计，社区的策划也将以可再生资源的利用为出发点，随着时间的推移，可持续发展的全球环境一定会被创造出来。

以可持续发展为目的选择指标并跟踪测量，以及创新的决策，将会比促使计量经济学产生的旧世界观更加全面而有效。金融财政价值高于一切的线性的价值观，将会被拓宽并融入进新的价值观体系中，人类和生态系统的平衡和相互依赖将成为新价值观的关注重点。无论发达国家、发展中国家或不发达国家，无论处于什么文化中，注重生态的常识和发展理念都是必须的。同时，基于全面性的考虑，每一个特定环境的可持续发展，都需要其他四个领域的综合信息，与这个环境的生态发展理念互相融合，形成一个整体。我们且将这样的一个系统及相关的知识体系称为"可持续性计量法"。

这些新时期的计量法——一张在匮乏和混乱的环境下的决策引导地图——是在原有可持续发展领域的基础上扩展而来的，是通过对这些领域中的必要指示指标的交互评价而得出的。总之，这套方法将带来更好的、节约型的决断，避免遭受许多过去意想不到的后果，并为我们实现期望中的宜居条件，提供正确的决断和方向。

第2章 这不是经济，这是消耗

在经济类媒体关于2008年以来的经济大萧条的狂轰滥炸中，我们经常被这样一条标题所困扰："我们以前所学的原来都是错的。"大众媒体的措辞醒目并只说了一部分事实。然而，几乎所有人都承认经济崩溃的事实及预测的前景就如以往一样黑暗。

未来学者认为，越是暗淡低迷的时期，改革创新的机遇就越多。

在我们目前的危机中，就可以发现这样的机遇，能够革新我们的经济信仰和经济实践。我们以往对经济的理解过于单一了，当代经济学家固执地相信消费水平会持续上涨，极力主张人们购买，消费使用，弃用扔掉，并再次购买，是在传播错误的信息，是地球无法承载的，经济和自然环境也很可能会因此而最终面临崩溃。

1983年经济危机的时候，环境保护论者和企业家保罗·霍肯（Paul Hawken）在他的书《未来的经济》中写道："绝大多数人会把日益严重的经济危机看作一些问题出错的表现。根据人们各自的经济与哲学信仰，他可以将此归咎于各种各样的组织和机构：保守派会指责政府；货币主义者会指责联邦储备银行；政客们会指责他们的前任；消费者会抱怨大企业和石油产出国；而大企业则会抱怨消费者、石油产出国和政府。就像一个失败的团队，如果他们只看到自己的失败，将很可能导致下一个失败。"[11]

听起来耳熟么？

在目前的危机情况下，我们不应去责怪消费者；我们所有人——包括各种消耗类商品的设计者、投资者、制造商都应该自我反省，反省我们的决策过程。诚然，消费成功地刺激了全球经济，但是，消费也是导致天然、不可再生资源消耗的主因，同时也很可能是全球变暖问题的罪魁祸首。

其中的问题既不是源于人类的消费历史和消费习惯，也不是因为这些消费的习性具有天然的劣根性（因为我们都希望并需要对优质商品和服务的消费）。问题是我们经常选择错误的使用和处置方式来对待自然资源和自然系统，而屡次对环境造成伤害。甚至当我们可能已经采用新的环保的世界观看待未来时，消费者也常常无法做出正确的选择，因为他们没能及时得到这些好的环保信息和指导。

21世纪我们面对的根本问题是：我们如何能减少对不可再生材料的消耗，维持自然环境系统与人类生活质量之间的平衡？

"面临的挑战是重新设计原材料经济，使之与自然相协调，"地球政策研究所（Earth Policy Institute）的主席，莱斯特 R. 布朗（Lester R. Brown）在他的书《B 计划2.0》中写道，"在过去的半个世纪不断演化的'废弃经济'是一种偏差，现在它自己正走向历史的废弃堆中。"[12]

假设你是一个消费者，即使你努力想为环境保护出一份力，进行绿色消费，你一天中仍有可能不得不使用并丢弃至少一件一次性产品（或者用后即弃的产品）。

根据贾尔斯·斯莱德（Giles Slade）的书《为了用坏而生产》中的描述，是美国人发明了一次性产品的概念，这种产品的设计就是为了低成本、一次性使用和短时间的便利。[13]

在这种产品设计理念的熏陶下，也难怪人们丝毫不会在意那些随意扔掉的隐形眼镜、面巾纸、剃须刀、电池、咖啡杯、圆珠笔、尿布、塑料餐具、纸碟，甚至那些价值不菲的物品，如电子设备、微波炉、电视机。

我们的社会已经成为一个丢弃社会。这里是一部分来自全美国的统计参考数字：

- ■　200万：每五分钟中使用掉的塑料饮料瓶的数量。[14]
- ■　114万：每一个小时中用掉的牛皮纸制超市纸袋。[15]

© Braca / Fotolia

© visionsfortomorrow.net

- 1500万：每五分钟中办公室用纸张数。[16]
- 106万：每五分钟中使用掉的铝罐的数量。[17]
- 6300万：2003年被销毁的个人电脑数量，这个数字在2004年爬升到31500万。[18]

上述所有的相加相当于每人每天产生4.5磅的垃圾，也就是每个美国人每年需要对近一吨的垃圾负责。[19]

除了填满垃圾掩埋场，一次性产品能对环境有任何其他意义吗？看看2010年美国关于一次性咖啡杯的使用的数据（由环境保护基金

© ermess / Fotolia

© Aleksey Bakaleev / Fotolia

及其"纸制品计算器"插件〔www.PaperCalculator.org〕提供）。[20]

- 使用掉的杯子：230亿个
- 消耗掉的木材：140万吨
- 砍伐的树木：940万棵
- 消耗的能源：20.5亿千瓦时
- 消耗掉的能源能够：为77000户家庭提供能源动力
- 使用掉的水：57亿加仑
- 这些水可以：填满8500个奥林匹克运动会的游泳池
- 产生的固体废物：3.63亿磅[21]

　　我们还有另一种选择，那就是使用可重复使用的杯子。尽管一只可重复使用的杯子会比一个纸杯的初期制作更影响环境，但随着使用时间的增加，这个影响会随之减少。当可重复使用的杯子达到一定数量的使用次数的时候，他们就比纸杯更加环保。研究显示，使用过24次的不锈钢杯与纸杯产生的环境影响相等。由于大多数不锈钢杯子的循环使用次数为3000次，可以看出可重复使用产品对环境的巨大的积极作用。在24次使用之后，可重复使用的杯子产生的浪费、消耗的自然资源以及产生的温室气体而引起的破坏都将减少。同时可重复使用的杯子也有助于减少咖啡店的供应成本，通常也会连带地降低产品价格，为所有人省了钱，形成双赢的局面。[22]

　　有人会说他们买一次性产品因为便宜方便，或因为它们是能够满足特定需求的唯一产品。不论什么情况，这是一种错误的经济观念，上述例子已经能够说明。

　　美国人对一次性产品的青睐是如何开始的？在1800～1810年间，制造商们开始发现短期消耗产品的商业潜力，最初的一些一次性产品，刮胡刀片和避孕套等男士用品被设计出来。[23]当针对女性消费者的既卫生又方便的一次性产品摆上货架的时候，这个美国消费的新时代正式登场了。

在大萧条时期，营销活动策略鼓励美国人过早地更换他们的汽车，通过购买新产品以期刺激经济增长，最后产生了"为淘汰而设计产品"的奇怪理念。[24]计划报废开始后，产品废弃或失效的过程是制造商早就计划并设计好了的。

在20世纪50年代到60年代，当人民变得越来越富裕，美国人开始为了新颖性而购买产品，而不再是为了必要性。[25]

在2001年9月11日恐怖袭击后，布什总统恳求美国人去购物，以努力保持这个国家照常运转。[26]总统奥巴马在2008～2009年经济陷入低迷的时候也曾发表过类似的请求，希望刺激经济，以返回到一个接近2008年以前的经济水平。

美国人越买越多，他们每年消耗成千上万的电脑、手机、电视和其他产品。这些产品中有一些是真正的过时了的，还有一些被抛弃只不过是为了换购一个外观稍有更新的产品。只有很少一些产品，是真正基于便于修理和长寿命的理念而设计制造出来的。[27]

广告历史学家詹姆斯·特威切尔（James Twitchell）说："美国人的问题不是因为我们是物质主义者，而是因为我们物质主义得不彻底。[28]我们并不真正爱我们的东西，而是喜欢交易它们而得到更新的东西。"

当修理的价格与重新购买的价格持平，或者没有修理服务、没有零部件时，计划废弃模式得到了助长。但这其中，完全环境的、社会的、寿命周期的开销到底是多少？我们从来不知道。一些产品的设计甚至就是为了走过场，它们从来不会被需要。新的产品生产线与上代产品不相兼容，也会导致上代产品很快过时，迫使消费者更换。[29]

近期，在世界的其他国家，政府和制造商终于开始正面对抗一次性产业了。

比如在英国，如果在产品中发现计划报废行为倾向，是违反顾客的权利的。并且，当地公共政策和经济道德观念都支持并维护这些权利。[30]

从我们的文化角度来看，应该如何对抗并改变这种花费和开销的观念？

新材料经济必须遵从减量化（Reduce）、再使用（Reuse）、可维修（Repair）、再循环（Recycle）四者之一，将消费过程从典型的3R原则（Reduce，Reuse，Recycle）演变为4R。我们在做决定的时候必须更加明智节约，更注重效用，而且必须从制造或施工的概念设计阶段就遵照这些原则。在过去的25～30年，绿色地球日的活动和3R节约原则的宣传中，我们仅仅针对能源及材料的生命周期中的最后环节进行强调和教育，而很少会涉及产品生命周期中的最初环节。

我们需要在未来消费品的生产中考虑如下三点产品设计过程中的必要元素：

1. 生产商、承包商必须使用更多的可再生能源或可再生材料，更少的不可再生材料（特别对于高价物品，例如建筑、汽车、家电，以及其他电子和机械产品）。

2. 所有的制造工艺、产品成型及运输过程必须最大限度地节约能源。

3. 所有的产品设计和资源使用方案中，必须考虑最长时间的循环利用。产生的垃圾必须降低到净零。

如果我们能满足这些条件，国民经济会迎来另一次变革。

这里介绍一个新的非营利的经济发展组织："气候繁荣工程有限公司"（Climate Prosperity Project Inc.），最初由洛克菲勒兄弟基金成立，这个组织致力于新的绿色经济的转化示范工程。该组织目前正在俄勒冈州的波特兰、密苏里州的圣路易斯，以及华盛顿特区创建区域经济发展中心。

据这个组织的网站宣传，区域气候繁荣框架包含需求和供给两个组成部分，它们在一起产生多元的经济和环境效益：

需求部分包括对地区市场进行清洁的、绿色的产品建设和服务建设。通过建设创造地区对绿色产业的需求——从标准到激励政策到管理政策——是至今最普遍的气候繁荣策略。

供应部分包括对地区的清洁的、绿色的基础产业的发展。既然一个地区能增加清洁绿色的产品和服务的市场，那么需求部分亦可由本地企业或其他地区的企业来实现。当地区需求越多的由本地企业实现，这个地区就能够获得越多的经济效益。

当一个地区积极鼓励清洁和绿色的需求和供给产业时，它能最大化其环境效益和经济效益：减少温室气体排放，促进节能减排，拓展商业机遇，发展绿色产业优势和就业机会。

为了完成组织框架，一个组织机构应能够提供联络供需两方面的作用，并能够跟踪经济和环境效益的走势。一个地区的"气候繁荣议会"可以采取许多组织形式，但必须能够切实反映出这个地区的特色。

气候繁荣工程带来了鼓舞人心的哲学观念和组织策略。它将可持续发展的原则带到了现有经济的制造、交易和商业中。

作为一个消费者、设计师、生产厂商、规划师、开发者或社区管理者，我们每个人又能够做什么来影响并提升这一改革？

如果每一个规划师、设计师、制造商及建造者能够在资源采集阶段，使用可持续发展的态度，以合理的比重消耗不可再生资源和可再生资源，那么可能对国家的消费模式产生巨大的影响。

如果每一个消费者所需要的能量和原材料都接近购买点，并与市场的增长容量相似，那么对当地和国家的影响也可能是巨大的。[31] 我们现有经济中的一些部门的基础消费已经有令人鼓舞的举动，但这还是远远不够的。

例如，美国绿色建筑委员会的能源和环境设计评价体系（简称LEED）中的建筑评分系统是建筑产业的一个良好开端。它可以在施工前就让消费者知道，一栋建筑物应该包含什么、应有什么样的性能。[32] 当地或国家政府也可以将这种原则和方法应用到对公共资源的治理、创造和使用中，让所有的信息透明化。

　　然而，面对更广泛的消费者意识，为了达到可持续发展的目标，商贸和工业需要一套指导体系，以知晓何时及如何利用有限的资源，让消费者在概念设计阶段就接触到产品和建成后环境的信息。为了做出正确的决策，我们需要一个前置过程，来形成产品的生产，乃至城市的建设中的基本的节约意识。这个过程需要实现所有环境元素的信息共享、互动、相互依存。通过对这个过程的追踪和动态变化的反应，这个过程终将可被计量。为了简便，我们且将这样的一个过程称作计量可持续性。

　　以可持续发展的五个涵盖领域为基础，可持续性计量法的起源、衍生以及其信息内容的基本原理反映出：当我们想要从用自然资源制造产品和货物时，有一个显著的基本生物学原因要求我们考虑这五个领域的相互依赖性。本书介绍的模型和展示的案例研究将会证实，对产品和环境的消耗的测量一定要在采集、制造、施工、使用、退化并进入废弃循环之前进行。通过这种表达方式，可持续性计量法将有助于提醒我们，所有的自然材料是由能量组成的，并形成了一个周而复始的"生长—使用—废弃—生长"的自然循环（图11）。

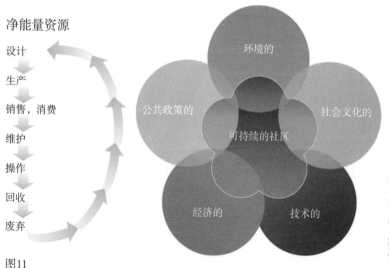

图11

第3章　全世界的本地化

1992年，在里约热内卢召开的第一届联合国环境与发展会议（地球峰会上），诞生了21世纪议程宣言（Agenda 21）和其他的一些以保护地球为目的的国际协议。[33]

2002年，第二次地球峰会上诞生了联合国千禧年发展目标，但是关于这个国际会议的真正目标——确保经济增长和环境保护共同进步，避免两者之间的冲突——并没有达到预期的结果。[34]看来，即使是现在，在2012年第三次地球峰会中，许多国家的领导人也尚未能够形成带领人民和全球化的经济体进入一种平衡状态的政治意愿。由此，与前两届国际峰会相比较，早期对约翰内斯堡（第三次地球峰会举办地）的乐观期待会有一定程度的减弱。

在世界观察研究所的《2004年世界状况》的报告中，以美国为基础的研究报告称：世界已经开始对"里约会议的呼吁"有所反应，但只是"暂时而不均衡的"。报告作者称，"20世纪90年代，在向一个从生态学角度讲更有弹性、更加公正的世界的前进中，我们迈进的步伐太小，太慢，或者说根基太浅。"[35]尽管一些国家似乎对可持续发展的理念不够关心，但多少仍有一定的进步。各个地区的公民对可持续发展的关注和意识在增加，许多商业领袖们也发现良好的经济是可以持续的，甚至随着社会和自然环境的改善而发展。各个级别政府中的一些部门正在调整政策法规，使其能够适应和支持可持续发展的原则。

相比之下，联合国发展计划正变得越来越有影响力，它扩展了人们的视野，引导人们选择有价值、高品质的生活，以达到促进长寿健康、能够受到教育、生活水平体面，而且能够融入社区等等目标，同时它还强烈主张节约能源。联合国人类住区方案（联合国人居署）已经依靠其网络资源成为可持续发展国际活动、实践项目的最佳资源平台，拥有超过1600个来自世界各地不同社区的成功发展项目案例介绍和宣传其可持续发展的特色。[36]

现在的地球峰会中，充斥着不同国家间众多破碎、未完成的条约，在解决未来全球环境问题上已希望甚微，在政府缓慢地向原订的目标前进的过程中，影响最大的是地区自身的行动。在没有国际合作的国家政府领导下，对于广大城市、社区、商业、非政府组织和个人，任何情况下都会寄希望于最有效的角色，来实现可持续发展的目标。例如，美国建筑师学会发现，2007年全美各地有90多个城市建立了绿色市政建筑项目。[37]

这里有一个例子，在亚利桑那州斯科茨代尔（Scottsdale）市，当地的"绿色建筑计划"鼓励市政府"通过设计手法和建筑技术方法，实现最大化降低环境影响及能源消耗的目的，同时也实现有利于居住者健康的目的。"[38]它的主要功能是修订和建立公共政策，"旨在通过下列方法在私营部门中推行绿色建筑：（1）建立强制性的绿色建筑标准；（2）为绿色建筑提供激励措施，比如简易快速的建筑审查；（3）为绿色建筑提供其他直接财政激励，包括政府津贴、费用豁免、税费减免、奖金制度等。"

在清除公共政策障碍并创造新的激励性政策之外，斯科茨代尔市的"绿色建筑计划"通过印制手册、公共演讲、巡回宣传、电视节目的方式进行公众教育和指导政策的宣传，其教育材料包括能源效率和既有建筑改造，绿色指南旨在为新建工程、绿色材料、绿色和可持续发展景观工程等等服务。

这些局部地区的行动够吗，及时吗？

安南（Kofi Annan），1997年至2006年的联合国秘书长，这样描述可能出现的最坏情况："想象一下这样的一个未来，无情的暴风雨和洪水，在海平面上升威胁下的岛屿和人口稠密的沿海地区；肥沃的土地被干旱和沙漠侵蚀；环境恶化导致的大规模移民；以及为了水和其他珍贵自然资源而爆发的武装冲突……" [39]

如何能够将本地的可持续发展意识萌芽发展壮大？不论属于哪个社区或者发展等级的城市，作为政治领导、经济领袖、教育者、专家、市民，我们如何才能从那种"不惜一切发展经济"的消耗性发展模式中跳出来，减缓这个无意识的但却具毁灭性的结局的到来？

首先，**我们必须相信个人的行动是极为重要的**；相信可持续发展的一系列原则和价值观是值得我们每个人长期关注的。全球范围内，不论发达国家或发展中国家，各种优秀的实践文献中都记载着大量的个人案例，通过节能减排、创新管理等方面的演讲和项目对社会施加影响。我们需要运用行之有效的视觉、口头、电子通信方法，并通过专业技能和领导能力，坚定可持续信念，以身作则。我们需要接受和理解"可持续发展"和"经济的最下线发展"，从原则和过程上来讲，都完全不是一码事。[40]

其次，**我们必须了解，世界在以有史以来最快的速度进行着城市化进程的发展**，我们必须尝试对这些城市环境下快速增长可能产生的后果进行预测。据估计，到2050年，我们将看到世界的大约90亿人，其中70%的人居住在城市群落中。[41] 同时，我们必须努力了解城市化的世界中，所有的相互联系和相互依存的影响因素与机遇。

第三，从这个相互依存的意义出发，**我们必须意识到未被城市化侵蚀的自然世界的价值，并对其进行保护**，尤其是那些为整个世界提供给养的农业、水产以及生产型中小型社区。没有足够的饮食与营养以及充足的饮用水资源，经济、环境、社会制度就永远无法得到足够的关注和资源来发展节约的道德理念。这些小型到中型的社区也为城市群落提供了必要的替代选择，同样也为人类栖息地提供重要的文化素质。

城市化进程中的世界

同样的，或者更重要的，是对新的人口中心的建造。世界城市，特别是所谓的超大型城市，如何将这种城市的运转控制在最起码的可持续发展的领域内，是非常重要的。城市被认为是主要的空气污染、水污染、引起资源枯竭的原因，这些负面作用导致气候变化，危及成千上万的人，引发全球的冲突；城市消耗过量的化石燃料资源（主要是由于煤炭发电和私家汽车）；城市还导致大量不可再生资源的消耗，扩建占用大量的农业用地，以及垃圾废物的管理不善。甚至大片森林的消亡和珊瑚礁的濒危，也是许多世界城市中建筑材料过度消耗和饮食偏好带来的连锁反应。[42]

2009年7月，联合国人居署理事安娜·提拜朱卡（Anna Tibaijuka）描绘了一个新的可持续城市活动方案，旨在集中世界各个城市的行动倡议，无论城市或国家的形象或发展水平如何。她说：

"联合国人居署在过去10年中一直强调可持续发展，最终取决于可持续的城市发展。终于国际气候变化专家小组的调查结果证实了这个论断。虽然城市的人口数量仅占世界人口总数的一半，但却消耗世界能源总量的65%以上，各种形式废弃物产生量占世界总量的75%以上，直接导致世界总量65%以上的温室气体的排放。对于这些研究结果，我们可能尚未完全意识到其全部含义……'褐色议程'（普遍也被称为'绿色议程'）不可以再从全球环境议程分离出去了。事实上，城市是应对气候变化挑战的最关键的地区，城市是实现可持续发展不可缺少的一部分。

与此同时，城市中居住的人群最容易受到气候变化而产生的负面影响。我们的主要城市中有多少个是沿海或滨河而建的？有多少城市依靠冰川、森林、水域来维系？有多少人生活在贫民窟、非正式定居点和不合标准的房屋中？他们的生活和工作，由于海平面上升和极端天气的威胁而极不稳定。

……'世界城市运动'（World Urban Campaign）致力于提升可持续城市化在全球、国家、地方的政策和决策中的重要性。这个运动的初衷是，在国家的和地方的行动支持下，充分利用全球范围的知识和专长，共同合作，努力推进城市可持续发展事业。这个运动的一个关键组成部分是振兴国家的'人居平台'（Habitat Platforms），以刺激国家政策和地方政策的对话，促进更多可持续和具包容性的城市发展。"[43]

随后，联合国人居署的工作人员将世界城市运动描述为一个催生能量、承诺和创意的，心灵和头脑的历练，使得策划者和策划组织的政策能够在地区、国家、国际层面产生影响。在其成立的第一年，该运动的重点是"更好的城市，更好的生活。"同时，城市的规模是关键的考虑因素，决策者不可能空谈可持续发展而不提如何将其应用在城市中，世界大多数人都居住在城市中，大多数的碳排放也源自城市，这些问题的整治也应从城市开始。换句话说：危机就在城市中，解决办法也在城市中。

今天，我们急需对世界城市协调的、全面的、有远见的、可持续的管理措施。尽管科学技术在不断地更新，但在发达国家失控的消费情况影响下，大多数发展中国家的不平等待遇和贫困现象仍然很多。全世界范围内，环境和居住质量的现状和未来走势都令人堪忧。对于管理者、规划者、设计师和城市官员来说，21世纪主要的挑战是如何做好城市的可持续性规划和设计工作，并保持其平衡和相互协调的增长态势。

随着社区的人口和覆盖面积的不断增大，其开发和维护的费用也会不成比例地增加。对新社区的财政支持及其来源变得更加难以管理，处在风险边缘的新社区的维持和修复需要从老城区吸取资源。外部的迁入和非正式、非法的定居，为城市内部带来剧烈的影响，滋生出了日益严重的经济不平等和社会排斥，上述情况在发展中国家中尤为突出。

似乎一个城市或地区的经济成就越大，维持社会公平的压力也就越大，诸如健康、住房、人性化的服务、安全、就业、收入分配、教育、环境。在一般情况下，很难使城市环境中的所有公民拥有体面的生活质量。存在着极端不平等现象的社区是不可持续的。所以，可持续的城市设计和发展中，"平衡"的策略是必不可少的。[44]

可持续城市设计的原则，在实行过程中，使城市既能够"生态的"可持续发展（比如降低能耗，强调生态的充实、保护、重建，避免新的开发），又能够"人性的"可持续发展（促进个人在社会、心理、物质等方面健康的发展，促进社会文化、经济、社会的良性进步）。[45]

可持续的城市应是有创造力的城市，有创造力的城市则应是不断学习的城市。学习型城市的领导者和公民都尽可能的学习如何进行可持续的城市设计和发展，并从其他地区的优秀实践中汲取经验。一个有创造力的城市是有特色的、有文化底蕴的场所的集合，并蕴含着先进的人文精神。不论发达国家或是发展中国家，所有文化和民族，都需要有规律地进行沟通，将城市可持续发展建设实践中，最好的经验和知识不断地传递、革新、升华。[46]

第4章 可持续发展的五个领域 *

如果我们要创造一个机会，来合理地管理城市人口的增长，并同时实现经济发展与保护地球自然系统平衡的话，我们必须扩展原有的可持续发展原则的概念。

我们必须全面系统地考虑问题，而不是在一维的、单一问题的背景下，一根筋地行事。

可持续发展的概念在1987年的联合国布伦特兰（Brundtland）委员会（也被称为世界环境与发展委员会）第一次得到正式承认。根据会议上的陈述：为了保护地球的自然系统，可持续发展的原则是必要的，同时它也应该"确保发展符合当代人的需求，又不损害满足后代的需要。" [47]

可持续发展概念诞生以来，根据其执行情况的跟踪研究来看，可持续发展一直被认为由三个领域组成——环境、经济以及社会。为了保持可持续状态的平衡，这三个要素必须相互依存、相互制约。许多商人和政府领导人习惯于质疑：还有什么能够与经济这么重要的领域相提并论？那些赞同与自然平衡相处的价值观的人，在这三个领域中寻找解决问题的对策时，也经常会受到限制。

无论从微观层面的居住环境（如私有建筑物或群居建筑物），还是宏观尺度的居住区（如一个城市、一个城区或者社区组团）来看，可持续发展的真正实现始终存在着局限性。在推进城市环境中的可

---

* 在本部分中，领域（domain）用来表示一个拥有相似特征、信息或关注点的人类活动范畴。

23

持续发展过程中，那些真心希望找到解决方法的设计师、规划人员、开发商、市政官员、非政府组织的领导者，都不会在环境、经济、社会这三个领域内找齐所有能够指导可持续发展的信息和方法。

举个例子，我们来考虑某个已提上日程的新发展项目（建造在远离市中心的绿地上），它的经费已经到位，同时也有对于自然生态系统的良好的修复及改善计划；同时这个项目未来也能够使很多住户过上很好的生活。但是，在对于机动车限行的新能源经济政策下，它没有可靠的手段来提供可行的交通工具。项目中，经济、环境、社会三个领域的要素都处理妥善，但是缺少了对第四个领域的考量——技术，交通运输的技术。

再来考虑另一个假想的项目，同样具有上述的优势条件，同时具有足够的公共交通技术，并已经成功地经营了很多年。突然，一个重污染的工业项目被授权建设在相邻的地区，对原有居民产生了健康威胁。在这个情况下，应该由第五个领域的协调因素——公共政策——来限制不合理的土地使用，并保障健康的居住环境。[48]

美国有一项从早期就开始实行的土地使用和管理政策，现在却无意间成为给城市的可持续发展带来消极后果的范例。这项政策涉及公立学校的校舍选择范围在城市规划区域内，同时全国各地很多社区都将对公立学校（通常为小学到高中）的征税权和行政管理权给了独立的教育机构，其初始目的在于使学校系统在无政府辖制的状态下，能够为社区儿童提供更高水平的教育，因此，学校的资金和管理与当地政府的资金和管理被分离开来。

一方面，我们目睹现在有非常多的学校机构，尤其是在大城市环境中的学校，艰难地保持着社会能够接受的最低限度的义务教育，勉强维持着满足合格教育机构所要求的最低限度的经济和设施环境。在几乎人人都寻求用相互依存和合作的形式来取得成就的今天，这种独立的政策能称得上是一种适当的管理，领导和业务策略么？

另一方面，在许多社区中，存在着比上述教育机构，更加独立的学校董事会，用更明确的政策来指导学校选择新校址的操作。这已成为学校规划过程中的必要的组成部分。学校希望能够通过预测未来的城市发展方向，能够在关键的地块率先获得建设用地，这样会更有利于其发展。这种策略与那些私人开发商的思路是很相似的。学校机构希望低价得到最佳的地点（他们声称这是为了保护公众的经济利益）；占据优质地块，如充足的排水、良好的地形、稳定的地基土、建筑物和操场灵活的朝向，希望拥有良好的行车通道，以及城市设施和公共设备的低价使用权。

在上述政策的实行过程中，这些独立学校成为使得城市蔓延扩张的先行者，它们有着双重动机：一是要以最低成本获取土地；二是与当地开发商妥协，以保证学校周边地区的人口数量和税收获利，保障入学率，及对学校运转的供给。这种偏离社会的建造学校的方法从城市中心吸取资源和活力，加速生态环境的恶化，使原来的空地成了稠密的城市街区。[49]

还有许多其他的例子描述在"技术"和"政策"两个领域内，人类的发明及行动，促进或阻碍了社会的可持续发展步伐。这里有两个极端的例子（诚然值得商榷），一个是汽车的技术（汽车的广泛使用威胁到了自然系统），另一个是土地所有制政策（间接引起了对地球自然系统的经济投机活动）。在这里，我们并不是要讨论个人如何看待这些条件的价值。现代生活中的事实是，科技的存在确实产生了影响，并具有重要的历史意义，而且将在人们的聪明才智推动下继续发展，同样，规定、限制人类之间以及人类与自然之间的各种政策法规亦将如此发展。两个领域是普遍的和产生影响的。它们与其他三个领域之间互有因果关系，密不可分。

"可持续发展"的原有定义中，还应该进一步扩展"社会领域"约束或被约束的范围。在全球化经济的背景下，文明、文化历史或公众对文化荣誉感的诉求，经常被有意或无意地忽视掉。

20世纪初至今，全球范围的各种文化一直在互相碰撞，比历史任何一个时期都更加交融。建筑表达变得更加相似、西化，逐渐脱离了固有的历史文化。电信和计算机技术提供了不同文化之间的即时信息交流；推进全球经济的众多科技也极为快速地提供商品和货物，无论其原材料和生产地在哪里。表达文化的图形和符号现在可以立即被混合、匹配、修改和重新格式化成虚拟图像，但却可能不会继续传达出有价值的或持久的文化信息；但不管怎样，这些图像仍然是极具影响力的。它们不仅随时可得，压倒了许多土著文化形态，而且它们也以无意的间接的方式，击败了地球的自然系统。[50]

社会领域必须始终能够提醒人们注重生活质量，同时必须能够唤醒人们对文化遗产、愿望、象征的关注，并提供分析用的工具。决策领导人需要牢记自身的独特的文化本质，他们需要有效的工具来读取和描述各种文化，因为正是这些文化构成了人类的群落。这里，我们推荐将"社会领域"扩展为"社会文化领域"。

上述一系列例子表明人类系统和自然系统正在越离越远。基于这些问题，乔斯林研究所对一系列发展案例和模型进行了重复研究和论证。可持续性的五个领域是前文中提及的"可持续性计量法"所有辩证的重要基础（见图12），它们是：[51]

■ 环境（自然的以及人造的）

■ 社会文化（历史、条件及情境）

■ 技术（适当的、可持续的）

■ 经济（在可持续环境中的产品、生产和服务，以及用于支持生产、交易、运营和维持的财政资源）

■ 公共政策（政府，或者公共的规定和章程）

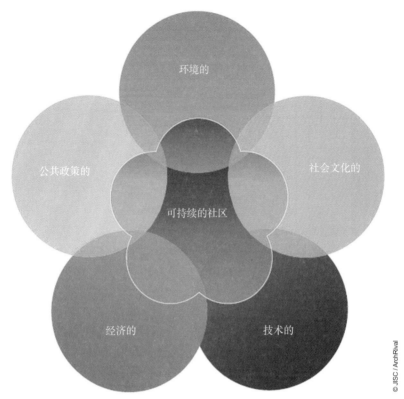

图12 可持续性的五个领域

可持续的城市和社区的五个领域的特征

真正可持续的城市是充满创造力的城市。在可持续性的五个领域内，这些城市肯定有许多鲜明的特征。[52]

在环境领域内，人们居住的地区要确保有充足、干净的空气、水和卫生设施，这是至关重要的。还需要便捷地通往绿地和娱乐场所，各种环境以及当地的不可再生资源都要有良好的保护措施，产品和服务设施齐全，远离污染和温室气体，同时自然栖息的动植物也应能得到保护。

在社会文化领域内，我们必须尊重文化、精神、种族多样性的氛围，社会能够提供安全和人们负担得起的住房，向所有公民开放

27

的医疗，特殊的教育项目，和能够适应终身创造性努力的设施。社会文化的可持续性的指标必须旨在为人们的成长和发展提供最大限度的机会，这无关乎现有的经济条件情况。

在科技领域内，适当的、人们可负担得起的科技手段必须得到应用：无碳排放的高效能源系统，方便、高效的公共交通，可持续的、运转良好的建筑和基础设施，无所不在的通信系统。先进科学技术的运用必须不能对自然资源产生任何影响或破坏。

在经济领域中，必须存在活跃的本地独资企业，它们兼有本地自销和出口的经营目标，能够提供有意义的、待遇优厚的就业条件。经济与其他四个领域必须有平衡、决定性的联系。

公共政策领域内，发展、营运和维持一个有创造力城市的规章制度，必须在开放、透明、多方参与的环境下设计和执行，以维持所有五个领域之间的平衡、协调、有效。

进一步讲，在未来的城市中，上述这些领域应是城镇管理、城市设计和规划、城市扩张管理及区域和城市可持续发展等过程的基本组织原则。所有领域和其中包含的信息，是相互依赖、相互作用和相互影响的。在任何发展或经营计划中，如果能够对这些相互影响的关系进行系统分析，并针对可持续性评价指标进行量化测量，那么肯定会降低这些项目计划进行中潜在的无法预期的问题和结果的发生。

弹性社区也是可持续社区吗？

在世界的一些地方，有学者和实践者提出"恢复力"（弹性）这个词，来描述面对气候变化时理想的社区所具有的特性。在一些这样的实践中，"恢复力"这个词似乎常能方便地替代"可持续"。但这个语言上的替换，可能会使得我们在进行特定的社区建设过程中，向综合的可持续的目标推进时受到误导或产生分歧，尤其在以五个领域的原则（公认为可持续社区的基础体系）为指导进行建设的时候。

"可持续性"在原联合国布伦特兰委员会中从未被定义成为一个在正常情况下发挥作用的系统。当时，人类滥用地球资源已经达到了导致后代生存条件受到威胁的程度，会议就此发出了全球范围行动的号召。

"恢复力"的定义意味着反应——对外力或条件的反应，并回到常态。当然，高品质的社区确实有"恢复力"这个条件，尤其是在天然灾害或者政治剧变来临之前需要有所准备，或在其之后能够弹性地恢复。然而，可持续发展要求的是为了避免我们已经施加于地球自然系统的损害重演，而进行的具有前瞻性的行为对策。仅仅强调"恢复力"会让我们有借口摆脱为这些损害共同负责的义务。

最近的文章《社区活力：社区恢复力、适应力及革新在可持续发展中的角色》，发表在2010年1月〔作者是戴尔（Dale）、林（Ling），和纽曼（Newman）〕[53]，针对35个加拿大社区向可持续社区进化的研究进行报道。作者评论道，"在对一些社区的积极的可持续发展建设的跟踪中，我们针对在各个方面（诸如交通、能源、基础设施等）进行可持续发展建设的案例进行研究。我们发现很多案例中，科技层面和社会层面的改革，能够在社区尺度范围内起到最大的作用；各个社区的改革成效集合起来，进而推进了更广阔范围的可持续发展建设。"

他们的研究同时也报道称，一些社区……在面对外来的挑战时仍然很牢固坚强。他们拥有我们所说的社区活力；他们同时具有恢复力，创新性，很强的适应能力。简单地说，一个有活力的社会能够在变化中保持繁荣，无论受到何种不可控的外界因素的干扰，能够在长时间保持社区核心功能的同时维护好其生态、社会、经济等财产。也许，更重要的是，在这样的地方，人类系统能和自然系统相互运作，而不是相悖相抗。

尽管恢复力、创新性和适应能力，在研究中被公认为是某些社区的特征，但它们并不是独立的条件，在我们希望保持自然系统和人类社区的平衡、高质量发展的情况下，这些特性和可持续发展的目标及其他条件是相辅相成的。

在没有达到社区所有可持续目标的情况下，也能够体现并测量出其恢复力。然而，社区及其各组成部分尚未对极端的干扰情况（如全球变暖）具备规则的恢复力之前，全面的可测量的可持续性是无法实现的。我们所讲述的可持续性社区的目标、策略、元素中确实包括"恢复力"这个方向，但"恢复力"是不能够替代"可持续性"的。

那么，对于现有的环境，特别是经过多年发展和建设的城市、居住社区等人类居住场所来说，我们如何知道这些地区是否是可持续的？我们怎样测量其恢复力、创新性和适应性等特征，以便获得一个对于社区可持续发展能力的全面的观点？我们需要一个性能标准系统——可持续性计量法，如果你愿意如此称呼它的话——来评估现状，详细计划未来发展，并跟踪发展过程。

如何运用可持续发展评价指标体系和 EcoSTEP^{SM} 工具

为了定义和创建一个系统的可持续性计量法，我们首先需要开发一种适当的评价手段。在2004年针对内布拉斯加州当地的平原河流城市交织（Flatwater Metroptex）地区的发展管理问题的分析研究过程中，乔斯林研究中心开始开发并使用EcoSTEP^{SM}工具，它能够明确地测量或预测出各种生活居住质量和环境质量因素的改善或恶化趋势。EcoSTEP^{SM}是一种有效的直观的工具，以环形图表的表现形式，将圆环自内向外分为三个时间段（或发展阶段）：短期、中期、长期，各种各样影响可持续性的指标因素分阶段标记在圆环形图表的不同方向上，每个时间段又细分为10个子阶段，每个环形单元可以由使用者自行定义（比如1年，或者10年）。通过此种方式，EcoSTEP^{SM} 能够形象地表达所有变化着的方面之间的周期性

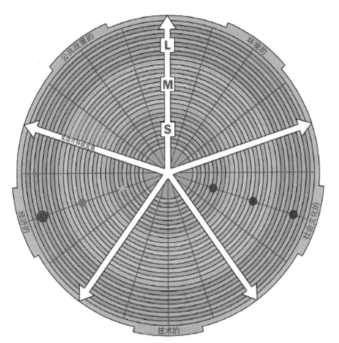

图13　可持续性计量工具：EcoSTEP[SM]

和关联性。[54]

　　在一个理想的环境下，如果一个指标（例如，水环境质量）标记在三个时间段中某个时间段的最外层，则表示这个指标能够最大化的影响可持续发展的过程，或者表示这个评价指标在可持续发展中接近最佳的结果。

　　在图13例子中，如果一个评价指标的短期评价结果接近理想状态，但其中期和长期的相对状况面临着不同程度的挑战和期待，为了细化描述，采用不同颜色和尺寸的标记点，来说明这个特定评价指标在不同时期的迫切程度和面临挑战的大小。

　　EcoSTEP[SM]工具可以让任何使用者评判假设的或真实的生活情境，评价规划意向的实际条件，评估假设，权衡结果，并与业主和领导阶层进行沟通。通过合并五个领域进行综合分析，这个工具可

31

以有效地测量发展进程,揭示不同评价指标之间多样的复杂的取舍权衡过程。

通过这种对问题和条件的图示化处理方法,EcoSTEP^{SM} 能够成为一个合作发展计划的理想工具,同时也能够以可持续发展的眼光,以高生活品质为目标,将一个地区(如一栋建筑、一个社区、一个城市)的发展和进步传达给领导阶层和公众。

第5章 不同地区和体系下的案例研究，EcoSTEP^{SM} 工具的广泛使用

乔斯林研究所将EcoSTEP^{SM}工具应用在多种多样的建成环境项目中，包括私人住宅、小型社区、城市街区以及更大的区域。它能够有效率地应用在项目的初步设计、地块和区域评估、私有建筑的使用后评估，以及相似建筑的比较分析等工作中。

2006年9月，在一个由建筑师、规划师、当地业主等150名专家参与的研讨会中，参会者们就内布拉斯加州东南地区正处于城市化建设进程中的"平原河流城市交织地区"进行了研讨和分析，对该区域建设中的挑战和机遇进行了论证，并尝试构架出一个快速都市化建设的可持续发展前景。与会专家分成六组，依据计量可持续性理论体系，对以下六个区域环境分别进行了分析审核：

1. 80号州际公路的沿路市郊走廊：主要针对林肯市（Lincoln）、奥马哈市(Omaha) 和康瑟尔布拉夫斯市(Council Bluffs) 之间的80号州际公路沿路郊区，对其扩大发展中的挑战和机遇进行探查分析。

2. 发展中的社区：针对林肯市与奥马哈市之间的一座小型卫星城市的发展压力和机遇进行分析。

3. 城郊的保护性社区：对本宁顿镇(Bennington)（奥马哈市远郊）附近的一个保护性社区的建设提案。

4. 地区大型购物中心的转型：针对一个位于中型尺度的城市交界处的社区中，过时的城郊零售场所的分析。

5. 城市核心区：考察在建设振兴贯穿林肯市中心的羚羊谷的整体规划过程中的机遇。

6. 城市核心附近的社区：针对靠近奥马哈市中心的德雷克考特 (Drake Court) 区，在乔斯林研究所对该历史性街区的研究和改造研究的基础上，进行振兴建设的再分析（图14～图19）。

研讨会各讨论组在接受过计量可持续理论培训的服务者的帮助下，对上述六个项目各自评判分析得出了15个可持续性评价指标（五个领域，每个领域三个指标）。可持续性评价指标的建立，成了这六个地区设计和规划的基础，建立了针对这些区域未来发展的，能够计量的可持续发展工作基础。

© Robert Hanna

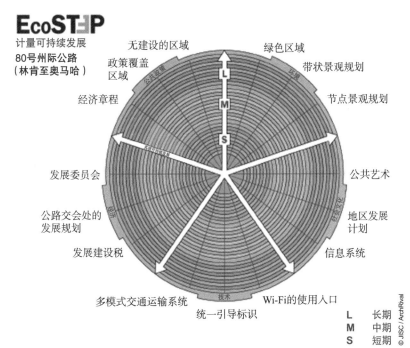

图14 地区州际高速公路走廊

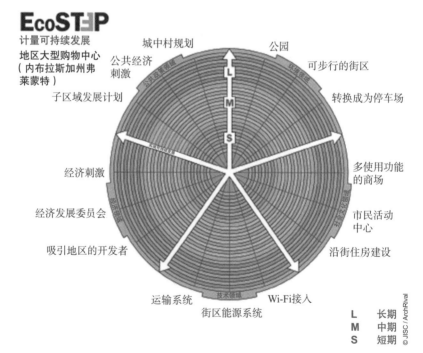

图15 大型区域购物中心的再开发利用

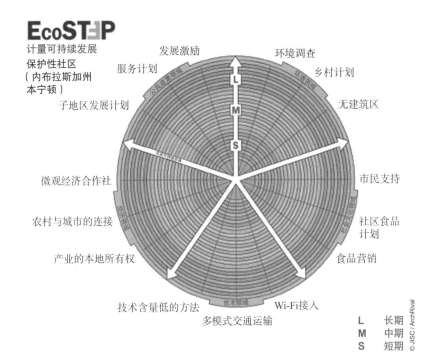

图16 城郊的综合用途发展

EcoSTEP

计量可持续发展

城市核心区
（内布拉斯加州
林肯市 P 街）

多用途发展计划

城市景观绿化

以绿色为主
导的设计

购物步行街

商场联盟

东西侧的
发展建设

负担得起的住房

强调交叉
地区节点
的绿化

微观经济计划

市民艺术
设施

经济发展联盟

市民广场

多模式交通运输

Wi-Fi接入

自动化信息中心

L	长期
M	中期
S	短期

图17　城市核心区复兴发展

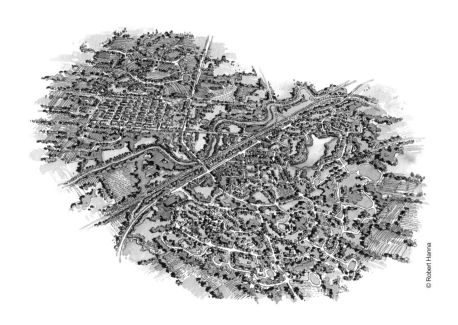

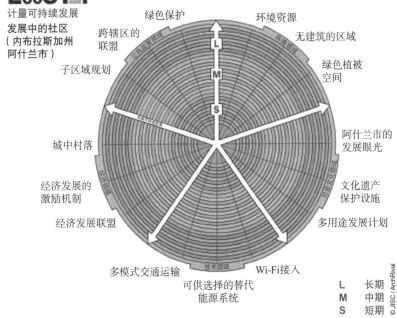

EcoST∃P

计量可持续发展
发展中的社区
（内布拉斯加州
阿什兰市）

绿色保护　　　　　　　环境资源

跨辖区的　　　　　　　　　无建筑的区域
联盟

子区域规划　　　　　　　　　　绿色植被
　　　　　　　　　　　　　　　空间

城中村落　　　　　　　　　　阿什兰市的
　　　　　　　　　　　　　　发展眼光

经济发展的　　　　　　　　　文化遗产
激励机制　　　　　　　　　　保护设施

经济发展联盟　　　　　　　多用途发展计划

多模式交通运输　　　Wi-Fi接入

可供选择的替代　　　　　　　L　长期
能源系统　　　　　　　　　　M　中期
　　　　　　　　　　　　　　S　短期

图18　发展中的小型社区

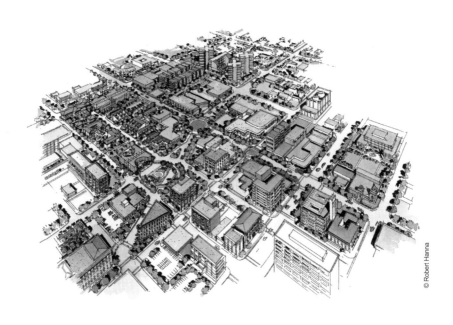

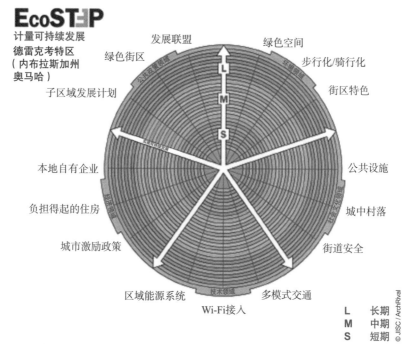

图19 城市街区的复兴发展

从这些模型到相似项目实际策划的应用过程中，在建立可持续评价指标的基础上，EcoSTEP[SM]工具使用的下一步就是将现有的可持续性评价指标在EcoSTEP[SM]图表中标绘出来，这为项目未来中长期的可持续发展建立了决策过程。

对于那些众多的正在为了实现和满足可持续发展条件进行评估和设计规划的农村和城市社区来说，上述六个独特的环境情况可以作为典型的案例模型。经过EcoSTEP[SM]工具分析总结出的挑战和应对措施能够直接转化为社区所需要的发展和改变。

可持续发展评价指标的应用：实现计量可持续发展的关键步骤

我们从上述六个区域设计构想中选择了"城市商业区的振兴建设"（即内布拉斯加州奥马哈市的德雷克考特区），作为进一步说明可持续发展评价指标的使用和使用条件的研究案例。[56]图表中的15个指标（五个"领域"各自包含三个指标）是根据研讨会专家对该地区改造规划的建议，由乔斯林研究所选择确定下来的。如上文所说，在专业人员的协助下，研讨会确定了各个案例地区在五个领域内存在的发展优势、劣势、机遇和威胁。这些讨论结果，以及上述的插图、图表和文字的主要内容，都成了确定可持续发展评价指标的依据。

德雷克考特区可持续发展指标

环境

- 增加绿地和公共开放空间；增加街道绿地景观
- 增加步行、自行车通行的便利条件，以及与所有毗邻街区（包括步行易达的场所之间）的连通性
- 升级建筑存量（某个范围内，按照某一时点测度的建筑的积累量），从视觉上和社会文化层面上给街区一个独特明显的定位。

社会文化

- 发展新的综合型用途；打造城中村的特点；倡导带有商业设施的不同收入阶层混居，以适应日常需求。
- 创造安全的街区环境和公共集会场所；为奥马哈市创建一个新的位于市中心的市民广场。
- 增加公共设施的建设规模；在第20街发展文化展览走廊。

技术

- 着手为该街区和市中心区计划新型的多模式的交通和运输系统。
- 实现该街区全范围的 Wi-Fi 无线网络覆盖。
- 为街区能源和公共设施系统制定可行的发展计划。

经济

- 建立政府奖励政策，鼓励该街区的填充式开发和发展新项目。
- 倡导低保住房的建设，奖励面向低收入群体的日用品商铺的发展。
- 优先考虑当地自有商业的发展。

公共政策

- 在整个城市的综合发展计划中加入针对该街区的新的子区域发展计划措施。

- 以"绿色设计"的理念引领覆盖全街区的规划发展计划。
- 建立一个由当地业主、利益相关者、商业及事业机构、居民等联合组成的发展联合会。

能够量化的可持续性评价指标可以通过多种方法来识别和确认。在项目设计与规划的背景下，确定评价指标的最可能的方法就是由利益相关者们共同商讨，达成共识（如德雷克考特区的案例）。在更广泛的社区范围内，可持续性评价指标可能是基于初步的统计调查，基于社区的主导意见而遴选确立的。在产品设计和制造业背景下，可能更多地考虑产品的潜在用户、设计师和投资人等群体，来确定各个"领域"中最基本的评价指标。

本书涉及的可持续性的计量过程中，最关键的步骤就是从五个"领域"内各自选择兼具相关性和可测量性的评价指标。对于每一个指标都必须具备如下两个本质的特征：

- 每一个评价指标都应该是一个由可测量的信息组成的数据集和拓扑结构，这些信息能够对前期条件、事情进展和环境情况进行如实描述和评估。

- 为了跟踪调查和比较研究，评价指标数据的来源应保持稳定，数据的格式也应保持一致。

EcoSTEP^{SM} 的图表（图20、图21）标定出15个评价指标，以及有助于达到一个更加可持续状态的短期（或已存在的）、中期和长期评价预期。图21突出显示了一个"领域"中的可持续发展评价指标分布情况。然而，这并不表示在规划设计过程中，可以以单一的分析方式拆分整个图表反映的情况。

评价指标中的6个已经被定义为最需要采取改善措施的方向（依

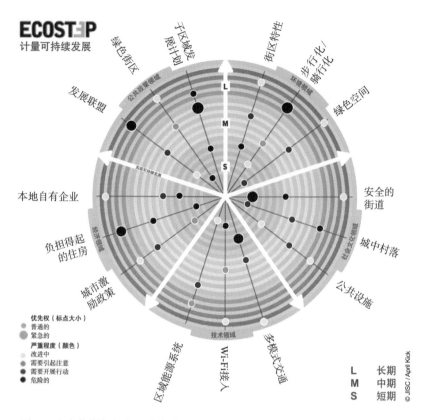

图20　内布拉斯加州奥马哈市德雷克考特区可持续发展指标评价

据图表中节点的大小和颜色）。如果这些最急需的要求没有完成或者其他指标被优先考虑，那么相关指标的重要级别将改变，项目进展可能会偏向不可预期的后果，很可能威胁到项目整体的可持续发展。而如果这6个需优先考虑的指标获得了所需的资源和改善，那么其他相关的指标也将受益并获得新的价值，整个项目及其可持续发展的前景也会向积极的方向推进。就全年来看，图表中赋予新价值的指标点和可持续发展指标线，将实时为所有投资人提供良好的、基于项目整个发展周期的沟通和信息。

图21　每个领域中的三个指标：在相互关联的分析过程中侧重于该领域

评价什么的指标？谁来制定它们？

可持续计量理论体系中，可持续评价指标的一个必不可少的内涵特征，就是每个指标都必须是可计量的，是能够引导可持续发展方向的标志。这意味着每个指标从各个方向都必须是可持续的：从环境保护的角度，从社会文化、人类生活质量角度，从适当的、可再生的技术角度，从经济货币和增值措施角度，从能够促进自由、革新和创造力的良好的政府以及公平的政策和监管环境等角度。

当这些评价指标在既定的时间内得到满足，达到相互依存和相对平衡的关系状态时，就会实现良好的可持续发展的状态。

　　"可持续性评价指标"曾以相似的方式被赋予多个含义，众多定义现在被归结为"可持续性"。实践者们尝试着找出一个定义评价指标的科学理论；相关组织机构致力于编录并规范评价指标的语言和特征；还有些人以可持续性指标的语言，来论证和强调五个领域间不同的重要性和突出作用（即环境保护论比经济状况更重要，而经济状况则比社会状况更重要）。

　　一个新近成立的组织——加拿大多伦多大学的全球城市指标研究所(GCIF)，已经通过创建一个国际城市间交互的数据网络，成功地将各种各样的预先确定的评价指标应用在不同城市间的使用和比较中。这个方案得到了世界银行的赞助。人们将它的任务和目的阐述为："世界城市指标方案通过协助及创建一致的、可比较的城市指标体系，达到帮助城市实现监控生活品质的目的。该方案包括一系列标准化的、一致的评价指标，并能够针对不同时间段和不同城市之间进行比较分析。"

　　GCIF 的数据收集和发布系统覆盖两个领域的内容：城市服务和生活质量。各种数据收集方案的建立都涵盖在这两个领域内，并在预先确定好的框架下进行数据的收集和发布。虽然这个体系框架表面上为参与此项目的城市提供了一个优秀的、标准化的收集和发布关键统计数据的系统，但其数据系统的结果却似乎并没有成功地揭示出任何一个社区的可持续发展综合属性，并没有表现出数据间内在的相互依存的复杂关系。

　　正如前文所阐述的，数据收集、存储和更新对于维持一个能够计量的可持续发展体系，是必不可少的。任何一个社区在一个有效的相关数据统计系统的支持下，都会受益匪浅。然而，我们对于鉴别最有联系性的可持续性评价指标的观点是，它必须能够得到当地居民的认同，充分考虑当地条件和传统，才可能成为最适当的指标；而并不是在一个预先确定了的孤立的格式中由"专家"制定。跨社区、跨街区、跨城市的评价指标需要保障其相关性和相互依赖性，交互式的评价过程将促成一个以社会、社区发展为基础的环境。人类对最理想的社区模式的探索和努力，是可持续社区状态的必要环节。最具创造力的城市都应是一个独一无二的城市，拥有独一无二的发展场所和发展进程，拥有独一无二的可持续性评价措施和指标。

创造性城市的产出

城市不是一天建成的，也不是凭空建造的。城市的发展是动态的、递增的、进化的。创造性城市既应该是相互联系、相互依赖的，同时又应该是与众不同、多元文化并具有高品质的。通常，传统的开发者以及那些不惜一切代价追求增长的规划、设计和管理者，都不会关注长期的可持续发展和存在于其中的重要的相互依存、相互依赖的关系，而这些对于创造性城市是至关重要的。EcoSTEP^{SM} 是一种能够同步考虑这些复杂性的方法，是一个长期协调城市发展的工具。[57]

为了良好运用我们所建议的这套方法体系，设计师、规划师、城市管理者需要首先接受并采纳五个领域组成的可持续发展原则。这种认知框架会激发使用者更加全面地考虑种种限制因素、信息资料、相互依存的机会，以便更好地创造可持续产品、场所和生活环境。

通过项目总览，或者依据固定周期按时监测，EcoSTEP^{SM} 工具可以在如下的环境中得到充分运用：

■ 专业人士组成的设计/规划项目团队

■ 作为一种跨学科团队的组织机制

■ 作为一种城市管理机构和项目利益相关者之间的信息沟通工具

■ 旨在向公众传达年度或周期性发展进度的一种公共信息发布

工具

■ 在特定环境的特定项目中，作为一个使用后评估工具进行综合评价分析

通过上文，我们诠释了这个工具是如何应用在美国中心地带的一个新兴城市区域的，但如何能够把它应用到那些遍布全球，尤其是密布在发展中地区的巨大城市聚集群落中？正如我们看到的，这个工具能够非常灵活地应用于任何规模的地区，即使在最复杂和迅速变化的城市环境中，它也可以揭示出潜在的可持续性。

从2008年到2010年，乔斯林研究中心在内布拉斯加州举办了22个研讨会，对被选出的官员和社区领袖进行介绍和讲解，以拓宽他们在社区发展和公共管理方面对EcoSTEP^{SM}工具的理解和使用。[58]在研讨会中，多使用用途的模型训练等环节得到了广泛而热情的回应和反响。但是，你可能会说，这些模型训练仅仅以小型群落为对象，如何与大城市乃至百万人口城市相比？

2002年，我们受邀委派了一名代表参加上海市市长举行的商业咨询委员会[59]。在可持续发展主题的演讲稿准备过程中，我们对这个超级都市的问题进行了应用分析。

对于上海和其他超级城市，可持续性有可能实现吗？

从城市历史来看，上海地区一直是极具可持续性条件的栖息地之一，它从公元700年的村镇规模，发展成为现今拥有近1700万居民的世界级超级城市。[60]有利的环境位置、丰富的资源、发达的经济文化和科技，极大地促进了上海和周边主要城市的发展，特别是18～20世纪发展尤为迅速。然而，在需求日益增长和资源日益匮乏的时代，是否有足够的食物、饮用水、化石燃料能源、自然资源和资本来维持人口的增长，满足人们的需求并保障企业的发展？我们怎样才能平衡处理人口增长，以及消费欲望增高和目前的地球资源

图22　上海市中心

损耗的关系？

　　这些问题遍布于地球上的每一个社区之中，无论其地处南北，发展状况如何，城区规模大小。我们已经不再像工业革命时期那样，以经济发展至上思维的论调，仅仅考虑贫富问题。这种论调只着眼于可持续发展五个领域中的一个领域。富人可能拥有巨大的经济财富，但是也许在环境资源或社会文化方面相对匮乏；穷人的经济地位偏低，但可能在传统文化和基本的生活质量上富足（这里的假设，并不是否认社会上存在极端失衡发展的事实，也不是否认历史上有许多文化和社区因极端失衡而无法维持发展）。

　　我们所期望的平衡，只能由一个能够监测平衡，并代表着五个领域中方方面面的价值观念体系来实现，这种价值观念需要体现在问题识别、评估、解决中，体现在方案设计、规划、管理中，更要体现在行政管理框架中。将五个领域的概念融入组织机构的立场和原则中，将促成一个坚定的、持续的全局统筹战略意识。在过去，公共组织结构的运行、科学和技术的发展，很大程度上是通过区划的、递增的、独立的、以任务为中心的方法来实现。通常，这样的管理体制会导致意想不到的、不可预料的后果，并可能产生效率低下的弊端，常常对周围的自然系统造成不可挽回的损害。

上海，与世界上大多数城市相似，拥有分工明确的不同政府职能部门，例如教育、卫生、司法、税务、房地产、旅游、农业（上海市政府网站列出了60多个这样的部门和机构）。过去30年针对中国文化和其他方面的研究和实践经验告诉我们，在这种任务区分明确的部门拆分结构之间，协调工作是相当困难的。这种情况在美国及其他国际城市中也屡见不鲜。在这种组织机构下，可持续发展中的协调行为极大地依赖政府领导者的个人技巧、风格和价值观。这种情况下，规划和管理中的可持续发展成果具有意外性，并且可能无法保障长时间的持续性。

可持续的城市管理[61]

姑且设想一下，城市政府不再为了完成关键工作的绩效考核而组织运作，而是为了平衡的可持续发展的目标愿景。这个愿景将被所有人分享，包括所有领导者、管理者和市政官员，最重要的是，也包括公众和主要利益相关者。协调工作和团队参与将取代独立、特殊化、程序繁冗和竞争。长期计划将取代权宜之计、反复试错法、危机管理和犹豫不决。想象一个可持续发展的管理模型，一个从衡量可持续性的五个领域中组织起来的委员会，在环境、社会文化、技术、经济、公共政策方面协调运作，同时加上一个行政服务部门，来提供专业的、特殊的人才需要，以落实和维持这种发展模式。

可持续发展委员会的领导人应有必要的知识、正确的价值观，以及支持生态系统设计和管理的政治意志。作为回报，他们应得到人力和财政资源的支持，并获得当地的利益相关者的支持，来实现和维持必要的城市生态发展政策。这些资源和支持应该用来实施和协调未来发展的新设想，维护现有的重要基础设施，或者管理城市或社区的可持续发展。最有意义的一点是，这样一个城市管理系统能够给未来几代人带来一个可行的发展模式框架，而不是一种浪费观念的继承。

显然，已经确定的市政分工任务必须完成。例如教育，这是至关重要的。但在一个可持续性的典范中，难道不应该在相互协调的、相互依存的五大领域的框架中倡导教育吗？如果我们希望通过努力，使教育的成果能够终身受益，使所有市民都能够以实现可持续社会为目标，那么我们不仅仅需要教育模式和政府有所改变，整个城市也要做出改变。我们认为，城市管理体系中，每一个现有的职能机构或部门，都可以被重新整合并纳入下述可持续发展委员会的六个单元（五个领域以及行政服务）中（图23～图28）。

职能部门示例
- 水利局
- 农业委员会
- 环保委员会
- 资产管理委员会
- 粮食局
- 农林局
- 市容委员会
- 住房和土地资源管理部门

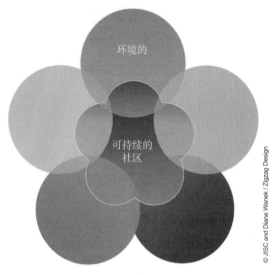

图23 环境领域职能部门示例

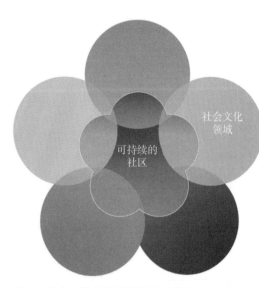

职能部门示例
- 教育委员会
- 少数民族和宗教事务部门
- 民政局
- 劳动/社会安全部门
- 文化局、广播电影电视局
- 卫生局
- 计划生育
- 体育运动委员会

图24 社会文化领域职能部门示例

职能部门示例
• 科学技术委员会
• 研究办公室
• 研发中心
• 机场协会办公室
• 市政设施部门
• 通信部门
• 城市交通管理局

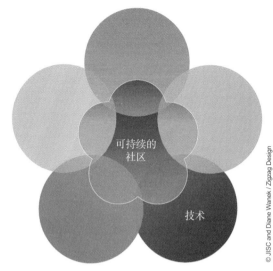

© JISC and Diane Wanek / Zigzag Design

图25 技术领域职能部门示例

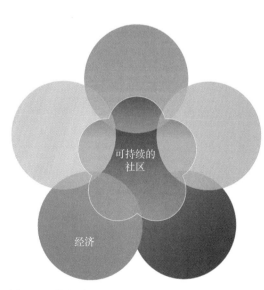

职能部门示例
• 物价局
• 经济委员会
• 商业委员会
• 财政局
• 税务局
• 对外贸易部门
• 外国投资部门
• 旅游局
• 国际航运部门

© JISC and Diane Wanek / Zigzag Design

图26 经济领域职能部门示例

职能部门示例
- 联络处
- 司法局
- 协调办公室
- 侨务办公室
- 立法事务办公室
- 顾问办公室

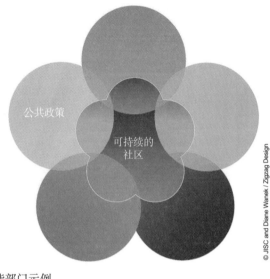

图27　公共政策领域职能部门示例

职能部门示例
- 发展规划
- 公共安全
- 国家安全
- 监督委员会
- 人事管理
- 建设和管理
- 审计
- 统计
- 城市规划
- 媒体出版
- 版权管理
- 知识产权

图28　行政服务职能部门示例

第6章 学习和实践技巧：可持续性指标

在可持续发展的框架内，不论我们的目标是为了从可持续发展的环境中获得良好的公共健康，还是在一个健康的城市环境中进行可持续发展建设，这两者似乎都是不可分离的。实际上，从城市管理角度讲两者也是可以互换的。在任何情况下，无论我们是做地方城市规划，卫生城市建设，还是可持续城市发展计划，都会有新的策划范例出现：

- 协调与合作。单一部门和个人，如果在错综复杂、网络密布、并快速变化的民办中以可持续发展为目标，独立的任务定位不再是可行的方法。管理组织模式必须成为一个可持续发展的系统模型，在一个交互式、相互依赖和协调的方式中进行操作，这样就可以保证一系列的成功操作。数字电子技术的使用给我们提供了获取迅捷的信息、网络操作以及评估的工具，便于管理这种超过以往的复杂性。

- 长期规划和战略性治理。在项目中对能够达到目标的有效措施进行更多的前期投资，对最优方法的评价研究，对多种方案进行概括、商议，都将会促成更好的方案计划。政府必须致力于共享计划的支持，致力于透明的数据收集、更新规程，并在精细的战略性计划下进行方案和政策管理。决策者和政府领导人需要知识和勇气去支持新规划。在政府工作人员和社区的政治领导下，公众也必须坚持这样的信心和勇气。

- 遵守承诺，保持连续性，以及监控。政府组织需要有组织性，保证公民得到政府的承诺，来共享公共部门和私营部门的方案计划，以及在计划、审查、批准和实现阶段中连续地参与。此外，可持续规划的最新特征之一，是对监测系统的维护测量或指标检测；也就是清楚计划进展状况，什么时候？是进步还是后退？举例来讲，联合国发展计划，建议采用一个由公式指导的城市发展指数，计算基础设施（水、污水、电力、电话连接）、废物（废水和固体废物处理）、健康（预期寿命和儿童死亡率）、教育（公民读写能力和入学人数）和经济城市产出（国内生产总值）等等关键指标来时时刻刻衡量城市的进步状态。[62] 不管怎样，为了真正的可持续性的目标，应该存在一个更为复杂的可持续性指标系统。作为举例，可参见以下"城区附近的可持续性发展五大领域评价指标"中对一个多社区和多国家的地区探究的援助增长管理的发展。[63]

- 以形象设计及辅助策略规划为目标的城市设计。在利益相关团体和利益相关者之间，规划和发展的沟通传递是很困难的。对于拟建城市环境的三维图像模拟，成为大多数提案的影响和复杂性是否能被很好地理解的关键。城市设计，能够基于已建成城市的既有环境，清晰地呈现未建成城市环境的图像和表现，这对于理解和教育有巨大的帮助。对城市设计的研究也应该成为决策机制中正规的一部分，因为其对于城市的管理，对于地区的质量建设，对于未来的战略性思维，都是非常有帮助的。

城区附近的可持续性发展五大领域评价指标

环境指标
- 所有建筑物都拥有最好的太阳朝向

- 园林 / 散热 / 绿色空间
- 社区花园
- 能源效率 / 替代能源
- 材料回收 / 重新使用

社会文化指标

- 积极生活方式的提倡和实现设施
- 接近学校，社区伙伴关系
- 街道、公共安全
- 充足的、方便的健康服务
- 混合的人种 / 收入 / 年龄 / 性别 / 性偏好
- 混合型的土地使用；日常需求能够方便、邻近地被满足
- 活跃的社区协会

技术指标

- 选择有效的、负担得起的交通
- 充足的、实时维护的公共基础设施
- 数字通信服务的接口
- 高效、廉价的能源系统 / 分布式发电系统

经济指标

- 新的 / 再发展项目的公共 / 私人合作
- 稳定的房产价值增长
- 当地企业 / 本地所有权
- 低住房（商业不动产）空置率 / 商业属性

公共政策指标

- 一个最新的地区或社区的综合计划
- 引人参与的政府体制

> - 强调业绩标准的建筑规范
> - 为新的或修复的发展项目设计指导方针
> - 支持五大领域的分区法规
> - 对文物、历史遗存保护的公众支持
> - 对市政绿色建筑计划的公众支持
> - 当地的回收利用，减少浪费的公共政策

- 愿意用新眼光看待边界、边缘地区。可持续性原则一方面要求将各种问题控制在易管理的范围内（不是通过隔绝单一问题，而是通过对综合系统的理解），另一方面则要求对更庞大的联系和外部影响的理解力。所以我们需要同时关注城市的聚合形式（乡村、街区和邻里）和功能，同时关注城市的区域关系和全球关系。我们必须在对行为结果和计划的边缘效应的预测中更加努力。

  加拿大的多伦多是聚合规划和分区的最好实践范例。多伦多的城市规划，是一种罕见的促进和鼓励文化分区的综合规划。大多数美国综合规划倾向于避免民族聚居地的出现，而多伦多规划则是基于这样一个信念：在共同民族背景下，鼓励一般的种族分区，以形成强大社区。丰富多彩的民族企业，传统饮食的文化庆典，有共同目标和业绩标准的学校，精神生活及职业素养的关联，共同创造了一个比联合共同规划和分区理论更为有趣、更具创造性的城市，在这里公民能够真实地感受到自由。

- 绿色建筑项目和LEED标准。[64]绿色建筑是实现可持续社区的众多策略之一。亚利桑那州斯科茨代尔市（Scotlsdale）的项目，为这个策略提供了最清晰的定义。它把绿色建筑体系描述为"利用设计和建筑技术来实现环境影响最小化，并降低能耗的一

整套系统方法，同时有助于建筑居住者的健康"。

在过去的10年中，绿色建筑思想已经激发了国家、地区、州等多层次范围的努力。开发项目过程中，绿色建筑的理念能够在项目独一无二的环境下，在对科技的深度理解和适用性的基础上建立起来。尽管这种观念的传播是一件好事，但为了新一轮项目机制的产生，需要在原有的繁冗且性质不相容的项目中进行大量的筛选工作。

应用绿色建筑原则，需要在特定情景模式中，整体考虑与社区可持续发展相关的基本要素。这些基本要素包括环境、经济、社会文化、公共政策和技术等元素。简而言之，每个基本要素代表一条人们以不同思想形态与社会相联系的道路。但正如所有生活在社区的人都经历过的一样，是这些要素的复杂性和集成化，形成了人们对这个地方特有的感觉。在社区实现绿色建筑过程中，为了长期成功，我们需要注意要素间的相互依存性和固有复杂性。一种强调促进教育、开阔眼界，倡导参与的系统方法，是构建可持续社区的最好方式。

由非营利组织，美国绿色建筑委员会创造和更新的一个绿色建筑的指标系统——能源与环境先锋设计（LEED）评级系统，对新建筑的绿色性质产生了重要的影响。对于一个寻求LEED认证的项目，需要通过一系列系统的规划、设计、施工评价清单。在任何执行绿色建筑计划的社区，LEED标准应被视为绿色建筑的最低标准，而且LEED标准应当与更广泛的基于可持续性五个领域的社区标准相关联。如果美国的目标是为了实现全球变暖的国际会议上所要求的，减少碳排放量的国际标准，那么这个最低标准是远远不够的。LEED标准中提倡的分类和评分清单概括如下：

可持续区域规划
- 以控制侵蚀为目标的景观工程
- 景观工程/外立面设计，以减少热岛

- 填充式发展模式
- 减少住区干扰
- 地区原貌保存/恢复
- 高效的办公楼选址
- 替代性的交通设施
- 替代性的能源措施
- 棕地（潜在污染的工业用地）发展

提高能源效率

- 能源效率
- 自然通风、加热、降温
- 废热回收系统
- 可再生/替代能源
- 国际性能测量和认证协议

节约材料和资源

- 现有建筑的修复
- 资源再利用
- 回收物含量
- 建筑废弃物管理计划
- 利用当地材料
- 淘汰氟氯烃、氢氯氟烃、卤盐
- 用户回收

增强室内环境质量

- 建设室内空气质量管理计划
- 使用低VOC材料
- 永久的空气监测系统
- 设计化学品存储专区

■ 建筑入口通道

水资源保护

■ 节水装置

■ 水回收系统

■ 节水冷却塔

■ 节水景观

■ 地表径流过滤

■ 降低地表径流

■ 生物废物处理

■ 国际性能测量和认证协议

改进设计的进程

■ LEED 认证设计师的参与

■ 教育、认知和参与。改革的步伐，人类强烈的期待，自然、经济和专业人员资源的限制，对每个希望进行可持续发展的城市施加了更多的压力，使其成为学习型的社会。任何一个开明的、有意识的、知识渊博的公民都将愿意在一个健康的可持续发展社区的规划和建设中参与合作。政府和城市教育机构应给予一个新的承诺，实现终身教育、成人教育，这在可持续性的规划进程中是非常重要的。

关于未来几代人的生活方式，我们社会的目标不一定是要减少消费，而是要减少不可再生资源的消耗。然而，这个目标需要一种新的保护性的理念和新的实践方法，贯穿于我们的空间改造和产品制造过程中。为可持续性设计、规划和城市管理而产生的EcoSTEP^{SM}策略，能够促成一个保持五大领域平衡的、真正的可持续性的发展结果。

第7章 生物系统视角指导下的五个领域理论[*]

物理学家和系统理论学家弗里乔夫·卡普拉（Fritjof Capra）在他的开创性的著作中，带领普通读者从对细胞生物学和细胞的成长和发展过程是所有生命系统的基础的理解，进而证明整个生命系统的所有层次和元素之间都相互关联。[65]他给出了生物科学的生命系统，与现代科技、文化、商业机构以及社会系统之间有趣的比较和联系。例如，他写道："在生物学中，一个生命体的行为由其结构决定。当在生命体的发展和在它的物种进化中，生命体发生结构变化（并且它们的确总是在不断地变化）时，它的行为也随之变化。在社会系统中，类似的动态情况也会发生。一个生命体的生物结构相当于一个社会的物质基础结构，这个物质基础结构也包含社会文化。当文化进化时，它的基础结构也变化，他们通过持续的相互影响一起进化。"

他在科学上的比较和比喻不仅对当今社会的文化、结构、资源的消耗和社会机构等问题十分重要，同时也为设计和技术的新的过程和知识基础提出了挑战，进而使我们的社会和生存环境可以获得更高层次的可持续性。他提出"生态设计"，认为设计过程应该模仿活跃的自然生态系统，这是一个由植物、动物和微生物的群落组成的可持续社会。他认为，一个可持续的人类社会，"是应该以这样的

---

* 《隐藏的关系》：整合生活中，生物的、认知的和社会的维度，变成一个可持续性科学体系，弗里乔夫·卡普拉，双日出版社，2002。卡普拉已经另外写了两本重要的专著，挑战大多数现代科学中简化的、线性思考方式：《物理学中的道》和《生命之网》。

方式设计，即它的商业、经济、结构和科技，与自然生态中内在的生命维持能力互不干涉。"

为了建立可持续的社会，根据卡普拉的观点，我们努力的第一步必须是成为"生态学专家"（也就是要理解，"生态系统通过发展进化以适应生存竞争，这对于所有的生命系统都是很常见的组织原则"）。他相信，这种理解将"成为一个对于政治家、商业领袖和各领域专家都十分关键的技艺，并且应该成为小学到大学，包括专业训练等各级别教育中最重要的部分。"他认为形成"生态学素"的基础由以下六个生态学原则构成：

- 网络。在自然界的所有规模的群落中，我们发现生命系统包含在其他生命系统中，即网络中包含网络。他们之间的界限并不是分隔的界限，而是一致的界限。所有的生命系统彼此之间交流，并且通过他们的界限分享资源。

- 循环。所有的生命组织必须通过从周围环境中获得持续的物质和能量为食来生存，并且所有的生命体持续地产生废物。然而，在一个生态系统不存在净废物，一个物种的废物应该成为另外一个物种的食物。这样物质就持续地在生命网络中循环。

- 太阳能。绿色植物的光合作用把太阳能转化成化学能，驱动了生态循环。

- 伙伴关系。在生态系统中的能源和资源的交换是通过不断地合作来保持的。生命并不是通过斗争来控制地球，而是通过合作关系、网络关系来完成的。

- 多样性。生态系统通过其生态网的丰富性和复杂性，来维持稳定和具有抵抗力。生物多样性越广泛，它们的恢复能力越强。

- 动态平衡。生态系统是灵活的、不断变化的网络。它的灵活性是多种反馈方式的结果，这些反馈方式保持生态系统处于动态平衡中。没有单个变量是最大化的，所有的变量都在其最优值附近波动。

联系，存在于我们的思维、常识和信息系统中，存在于我们的组织机构之内，存在于我们设计的系统之间，存在于我们建造的基础设施和建筑物之中，存在于人类社会和文化之间，没有产生任何的净废物。联系，是我们努力建立可持续发展社会的目标，能够实现生态的可持续发展。我们中的一些人，包括卡普拉，相信很大一部分人已经开始向生态可持续性进行转变。

将生态模型转化为建筑模型

卡普拉提出，所有的生命，甚至包括最基本的细胞，是相互联系的，能够响应环境，是有智慧的，相互交流，多样性蓬勃发展，并且不产生净废物。而只有人类不是这样。

对于我们人类栖居和用以活动的建筑物，其建造和开发流程已经达到了人类行为中最无法理解的、最浪费的情形，至少在我们现在所处的和平年代里是这样的。

万事都有定量，对此的无视造成了我们的危机。进化过程中，人类的索要和需求好像总是无法满足，技术、体系和政策总是在变化，没有自然材料及其制成的产品能免于腐烂，因为自然的原材料是以生长、进化、变化和腐烂为循环过程的，所有的能量都是以太阳为基础（并且这是免费的），所有的生态系统是互相联系和相互依存的，以此来维持生命。

我们已经到达这样一个阶段，建筑的策划和决定必须以一种更加深思熟虑和有效的方式来呈现，这些定量必须以一个形象的方式，融入可持续发展的五个关键领域。首先，我们必须努力增加环境敏感性意识。第二，我们必须对于人类和文化给予足够重视。第三，我们必须考虑到资源以及技术有效性的整个生命周期。第四，我们必须在项目初期和整个建造期内都能够达到财务方面的合理性。第五，我们必须认清良好的发展和良好的公共政策之间存在相互依赖的关系，并给予更大的关注。

当我们能够认清这些联系、相互关系和融合策略的全部内涵时，一个比之前我们所习惯了的设计方式更加艰巨的任务就落在了设计过程上。从工业革命早期开始，学校就教我们设计时寻找一个概念或者一种表达形式；现在，我们应该看到教学中要求把一体化策略或相互依存、动态进化作为主要设计语言。无论手法如何，设计、规划和创造21世纪可持续的社会，我们需要做出改变：

- 尊重所有的自然资源：土地、水、空气、能量，以及其所有的组成要素。

- 利用我们已经能够得到的资源（例如太阳朝向，可再利用和循环的材料）。

- 让所有的利益相关者都参与到设计过程中（从设计的开始到结束的过程中，尽量多地邀请专家和利益攸关者参与到设计团队中）。

- 使用最优的性能、最少的消耗和最合适的技术（从别处借鉴，应用从各种渠道获得的最佳实践方法）。

- 提高自然和社会的利用效率从而提高经济效益，通过好的政策来维持供给、周转和融资，从而将长期的可持续目标与人类及自然的资本联系在一起。

- 在建设和操作过程中，最小化内含能源和可吸收的不可再生资源的使用。

- 使建筑设施成为净能量制造中心（例如，通过设计，使产生及分配的能量大于其消耗的能量）。

- 设计考虑进拆除和回收的方法（以及能够延长材料和设备的使用寿命的重新利用方法和改造方法）。

杨经文（Ken Yeang），一位多次获奖的吉隆坡生态型建筑师，他认为，设计过程应转化成一个相互依存的过程，这个过程导致"系统化思考，对设计前期给予更多的重视，考虑能够实现最终使用（生命周期）消耗最小的策略，并协助团队的设计思考"。[66]在这些条件下，建筑物就真正能够实现和地球的生命系统更加紧密的关联，并且能够对于人类产生更大价值。

能否想象，一个设计、建造和回收过程更加近似于生命进化过程，而不是独立的、不相关联、了无生机的对自然资源消耗的过程？

在建筑工业领域，一个这样的策略开始出现了：循环可再生的系统。[67]

简而言之，一个循环的可再生系统是一个和污水处理、有机垃圾的处理以及能量系统方法相结合的产物，现在这种系统正在一些宾馆和公寓中投入使用。这些建筑的循环可再生系统的工作流程大致为：

- 由一个内在的收集系统，收集建筑中的所有有机残余物，而不是运用传统的市政废物处理和垃圾回收线。

- 拥有洁净的蓄水设备（有足够的容量），可将所有的生物材料通过厌氧消化池和一个酒精发酵器进行处理。

- 作为废弃物产生的甲烷，用作建筑的锅炉或发电系统的燃料（一部分甲烷可以作为燃料电池来发电，通过评估这项技术，研究其是否可以改进，以低成本投入真正的商业生产中）。

- 产生的酒精为建筑运转耗能或发电提供燃料。

- 处理过程中产生的固态残留物可以为建筑及周边的绿化提供堆肥和化肥。

- 系统中产生的废水可以用作中水，降低建筑的整体耗水量。

- 依据气候情况，在建筑屋顶及其他外表面，安装风能发电、光伏发电或太阳能热水器等装置，来补充能源供给。

这些运作系统，和被动式制冷／制热的方法的成功设计相结合，与日光以及其他的能量控制系统最优化控制相结合，再加上对可循环低内能材料的谨慎选择，能够给予建筑一个与众不同的近似于生物系统的性能。这样的一个前景就在眼前：通过建筑生命周期内的节能措施来回收建造成本，减轻市政基础设施建设的负担，减轻新建导致的对现有基础设施的环境负担。同时，循环可再生系统下的建筑必将是环保的典范，这能够增加其市场吸引力。

世界上至少已有两座具有类似系统的建筑在建：在印度的一个酒店和在东京的一个商业写字楼。

上文的一些例子表明在生物学科领域下，不同的自然系统之间，相互提供和消耗其产生的废物，形成一个相互依赖的生命网络；同时也突出了人类为了居住而在地球上留下的痕迹，与自然的供给、生长和回收之间是多么的不和谐。

对于这种不和谐，最清晰的证据也戏剧性地出现在建筑行业。在建造和拆迁过程中，绝大多数使用后的材料和弃置物没有得到再利用，最终被抛弃在垃圾填埋场。这种情况下，在美国，建筑业成了最大的环境问题，垃圾场将对人类的健康、环境和社区景观造成威胁，同时垃圾的经济价值也完全的损失掉。一般来说，垃圾填埋的建筑废料占市政固体废物总数的15%～20%。在一些高速发展中的社区，此类垃圾可能会达到处置总量的40%。

在现阶段，对于业主、开发人、设计师甚至整个社会，并没有很多的选择和足够的鼓励刺激，来促使他们回收建筑废料或使用后的建筑材料，使其再次进入当地经济的循环。但可喜的是，为了人类和环境未来的健康发展，工业和社会正在开始转变。越来越多的非营利、营利和政府资助的环保机构纷纷出现，多是在一些大型城市社区和对于环境问题比较积极的社区中，他们不断地针对这种消耗和不平衡采取措施。2006年，在佛罗里达大学召开的对于分解和材料再利用的国际会议上，有超过135个机构、市政团体和工业团体的代表出席。

由于对于发展管理和可持续性社区的进步政策，俄勒冈州波特兰毫无疑问地成为最先思考如何处理建造和拆迁废料的政策和条例的大都市区之一。麦德龙机构（www.metro-region.org），旨在辅助工业建设发展的机构，出版了《麦德龙建造工业的回收利用工具集》，[68] 为建筑师、设计师、规范制定者、开发商、业主、房地产经理和建筑项目经理提供了帮助。

为了预防在建造活动中产生废料，该著作中提供了详细的记录表和详细的模型使用说明书。他们提出这样的建议：

■　建立预防废料产生的目标并将其纳入规范中。

■　要求制定明确的废料阻止方案，记录在废料管理计划中，包括再利用和抢救措施。

■　对于选用的建筑材料，依据标准尺寸进行设计。

■　详细列举出绿色建筑的建造材料，例如合格的木材或低VOC涂料。

■　详细列举出在失效后易于分解或拆卸的材料和装配形式（为建筑拆解流程而设计）。

- 选择灵活的室内装修涂饰或材料，例如选择那些能够易于拆除并可回收的地面砖，便于在其磨损或毁坏时更换。

- 设计一些可以很灵活或者可以改变用途的空间。

- 将我们的废料防治计划在会议中交流，在施工现场提出，在项目中监控，并且努力促进好的结果。

- 要求供货商用可回收或可再利用的包装，运输材料到施工现场。

- 重新思考用材估算方法，保证每件材料以正确的数量运送至现场。

- 维持一个实时更新的材料订单和运送计划表，以便使得材料到现场的时间最短，减少损坏的可能性。

- 要求供应商用坚固的可归还的托盘和集装箱运送物资，当运送新的供给品时将原来的空容器运回；并且也要求供应商取回或买回不符合标准的或者没有用过的物品。

　　为了在拆迁过程中达到节约材料的目的，"回收利用工具"提供了以下指导："有两种方法可以用于节约或者再利用材料：在着手拆除时，先将建筑进行拆解分析，或者依据一个选择性财产挽救措施进行指导。拆解包括以施工装配流程的逆序仔细拆除整个的结构，通常用手工，可以重新获得材料进行再利用；挽救指的是在拆迁之前拆除一些特定的有价值的可再利用的建筑材料。"

建筑材料的回收和再利用

　　建造和拆迁过程中财产挽救的一个可选方式是内布拉斯加州林肯市的生态商店。它提供了这样一个交易场所，材料可以被捐赠而不是被当作垃圾，商店以一折至五折的价格向公众销售建设及改造用的二手材料。[69]作为乔斯林研究所建设可持续社区的一个商业组成部分，它接受所有可利用的建造或改建材料的免税捐赠。很多尺寸型号的窗户、瓦片、砖、石头、房顶、衣柜、厕所、洗浴室、门和木质地板、门窗装饰线和板材都是具有代表性的捐赠品。

类似于内布拉斯加州的生态商店，该州还有一些其他的机构，为林肯市提供非常独特而迫切的帮助，来解决建造和拆迁过程中产生废料的严重问题，通过将有用的物件从垃圾场和大型垃圾流中隔离出来，为环境保护带来了积极的影响。

传统的建造和改建实践利用了许多自然资源，那些标准的建造流程创造出了非常多的垃圾。事实上，建筑建造、翻修和拆除过程中产生的废物占了我们垃圾场地中材料的将近40%（在全美国范围内，约等于平均每个人每天产生2.8磅）。这些废墟包含了过量的建筑材料，这些材料通常包括有价值的、不可更新的资源，而且这些资源的生产和运输过程中都耗费了能量。一旦这些材料被托运到垃圾填埋场，这些资源就实际上再也不能够被恢复。

建造一个2000平方英尺的建筑，就表示有多达8000磅的废料被扔到垃圾场地。除了增加垃圾场地容量和处理这些废弃物的负担外，从颜料、溶剂和化学处理过的木制品中都会产生废料，这将会导致土壤和水的污染。并且，最初生产这些材料所使用的能量——不论是自然的或人工的——当材料被扔到垃圾场时就会被白白浪费。

所以，再利用和循环利用材料，也延伸了当地的垃圾场地的寿命，对保存自然资源、减少污染和节约能量都提供了积极的帮助。

从现在能够获得的信息中，我们能够想象，在建筑工业领域可以发生多么崭新而重大的改变，对生产实践和公共政策带来多么大的影响。通过可持续发展设计和对再利用自然材料的应用，我们可能最终实现自然界那样的相互依存的模式典范。在美国绿色建筑委员会LEED标准的影响下，出现了全国市政绿色建筑项目，对建设中创造更大能源使用效率的经济和社会压力（通常是住宅房地产市场），我们开始看到一些重要的创新举措和很好的实践案例。但是我们如何知道哪些是真正的好举措，如何找到最好的方法？通过案例研究，我们可得知新的科技如何应用，也掌握如何来衡量那些举措的有效性。

第8章 比较相似建筑物的 EcoSTEP^{SM} 工具的应用

乔斯林研究所进行了一项可持续发展条件的案例研究，将内布拉斯加州奥马哈及林肯市中心区域建造的三栋零能耗建筑进行比较。[70] 一栋是由商业企业运营的，名为绿色家庭项目的住宅；一栋是内布拉斯加奥马哈大学建造，供教师和学生研究使用的建筑；一栋是被内布拉斯加州林肯大学建筑学院的教师和学生建造的建筑。"净零能耗"已经成为低耗能建筑的一个通行目标，它旨在实现使建造中耗费的能源少于建筑及其系统的日常维护和运作（即能源消耗流动）（技术上讲，一个真正的净零状态是不存在的，除非所有为建筑材料的运输和安置等操作所应用和蕴含的相关能量也被计算在内）。

第一栋建筑：Archspace——内布拉斯加州林肯市第24街北631号

Archspace 位于林肯市的马隆（Malone）居民区，步行五个街区内有四条不同的公交路线可以换乘到城市的所有公交线路。

马隆居民区是一个较老的居民区，占地0.546平方英里。附近居民的年龄中位数是29.2岁，平均家庭规模是2.2人。这里一栋独立式住宅在2007年的平均估价为100441美元。马隆居民区中处在贫困线以下的人口比例是37.2%。将近14%（13.83%）的家里有9个以上的房间，有32.04%的家庭有三间卧室。

Archspace 是由石膏板做内墙面的木框架结构建筑。外墙饰面是纤维混凝土拉墙线。

第二栋建筑：Madison——内布拉斯加州林肯市远郊西廊桥大街3111号

Archspace 资料统计
平均住宅品质
3 个卧室 /2.5 个浴室卫生间
两层住宅一个独立车库
地块价值: 25000 美元
房屋市场价值: 168006 美元
总价值: 193006 美元
地块面积: 4700 平方英尺
总居住面积: 1876 平方英尺
总完工面积: 1876 平方英尺
总占地面积: 3059 平方英尺
每平方英尺造价: 89.56 美元

图29，图30 Archspace 住宅

Madison 位于林肯市区范围边缘，处于匹斯特岭（Pester Ridge）附近南部。从这里无法直接连接到城市公共交通，最近的公交线路离该建筑也有5.22英里的距离。

这栋建筑属于一个当地的新型发展住区项目，连接匹斯特岭的开发项目较新。地区的基本情况大致为，181英亩的范围内定居有70家。当地居民年龄中位数为25.9岁，平均家庭人数为3.2人。2007年在这里一栋独立式住宅的估价平均为278491美元。附近的居民中超过30%（30.54%）家中有9个以上的房间，有52.16%的家庭有三间

Madison 资料统计
高品质住宅
1间地上卧室，2间地下室卧室/
2.5个浴室卫生间
一层住宅一个相邻车库
地块价值：120000美元
房屋市场价值：476365美元
总价值：596365美元
地块面积：20899平方英尺
总居住面积：1847平方英尺
总完工面积：3376平方英尺
总占地面积：3376平方英尺
每平方英尺造价：141.10美元

图31，图32　Madison 住宅

卧室。处在贫困线以下的人口比例是6.8%。

　　Madison 是由石膏板做内墙面的木框架结构建筑。外表面为灰浆抹面及饰面石板。

　　第三栋建筑：ZNETH——内布拉斯加州奥马哈市伍尔沃斯（Woolworth）大道6454号

　　ZNETH 位于奥马哈阿克萨本（Aksarben）居住区，在距其四个街区远的地方有一条公交线路，可以通往奥马哈市中心、一座步行桥、医疗中心、老年公寓、阿克萨本庄园、博根慈善医院及一个购物商场。沿着这条公交线路有几个换乘点，可以转乘其他几条公交线路到达奥马哈市的其他地方。

阿克萨本是奥马哈市较早的居民区，占地1.547平方英里。居民的年龄中位数是33.5岁，平均家庭人数为2.2人。2007年一栋独立式住宅的估价平均为115504美元。生活在贫困线以下的人口比例是

ZNETH 资料统计
平均住宅品质
2间地下卧室，2间地下室卧室/
2.5个浴室卫生间
两层住宅一个独立车库
地块价值：12500美元
改造费用：73200美元
（根据下面的评价，再估价为237500美元）
总价值：85700美元
（市政估价为250000美元）
地块面积：5940平方英尺
总居住面积：2232平方英尺
总完工面积：3640平方英尺（估值）
总占地面积：3640平方英尺（估值）
每平方英尺造价：20.11美元（65.25美元）

图33，图34 ZNETH住宅

75

10.6%。不到5%（4.85%）的家庭有9个或以上的房间，43.09%的家庭有三间卧室。

ZNETH 是一栋木框架结构建筑，使用保温混凝土模版（ICF）墙体，石膏板内墙面，外墙面为灰浆抹面。

乔斯林研究所以可持续发展社区的角度，设计了如下的20个可持续发展指标，对三栋建筑项目进行比较：

环境领域

- 可持续材料的使用：二手材料和再生材料
- 节约用水
- 减少二氧化碳排放量
- 加强景观建设

社会文化领域

- 示范教学环境
- 对附近住区产生的公众影响和效应
- 对本地的影响
- 回收、再循环的实践

技术领域

- 低技术的自然系统
- 实时更新的节能系统
- 规划替代交通方式
- 使用替代能源

经济领域

- 利用现有的基础设施
- 经济上的担负能力
- 投资回报率 / 成本效益分析
- 节能监测和调整

公共政策领域

■ 使用可替代能源的政策

■ 影响节约用水的相关政策

■ 对建筑工业的影响

■ 促进住宅建设行业改革的意图

当这些指标被绘制在EcoSTEP^{SM}图上，能够反映每个项目在相同指标上的性能比较。考虑到每个项目都是在一个共同的时间范围内建造，而且各自都内建了可长期监测的具体系统检测技术，以下的性能参照资料为这些创新独特的项目提供一个有效的模式，来检测其在未来几年中的运行。随后，这些信息必将有助于能源效率方面的新设计项目。EcoSTEP^{SM}工具则将成为设计纲要的一部分。

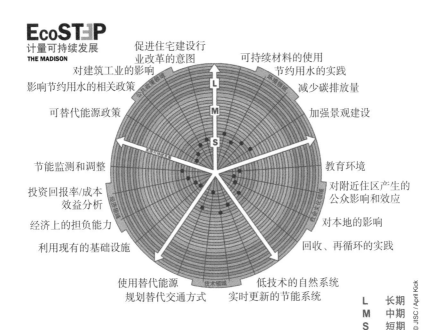

图35　Madison可持续性评价表

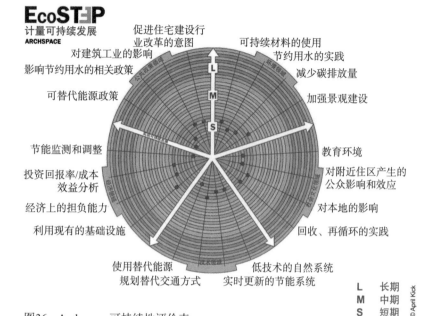

图36　Archspace 可持续性评价表

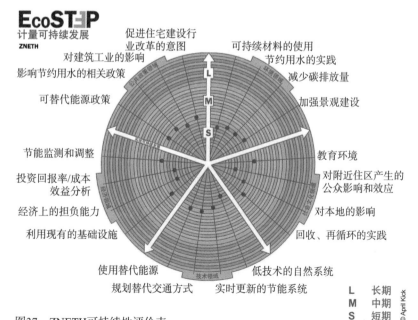

图37　ZNETH可持续性评价表

三栋建筑的评估信息比较

使用EcoSTEP^{SM}工具和共同的可持续发展指标，评估过程得到如下信息比较结果：

环境领域

■ 所有三栋住宅都使用了大量的可再生材料，其中Madison的使用量最多，几乎每一个表面都采用了再生材料。

■ Madison和Archspace装有低流量装置，其中Madison具有双排水马桶。三个项目都使用了雨水集蓄技术。ZNETH在获得了一年用水量的参照数据后，将在第二年开始使用中水系统。Madison所在的场地周围则有6个人工池塘。

■ 为了减少碳排放量，三栋住宅建筑都做出相当大的努力。ZNETH和Madison采用的替代能源，使得两栋建筑的碳排放量大大降低。尽管Archspace也使用替代能源，但它在使用广度上尚达不到其他两栋的水平。

■ 三家都设置了种植抗旱植物的具体目标。此外，设计师在规划中为他们设计了使用收集雨水来灌溉植被。

社会文化领域

■ 广泛宣传是创建示范教学环境的很大一部分。随着更多的宣传，ZNETH已经超越用户和邻居的领域，大大扩展了其教学环境。此外，ZNETH在它的使用期限内，会有比另两栋住宅更多的用户。Madison的教育宣传则是有选择地面向一小部分人群，即那些生活在小社区的人们。另外，学生将住在ZNETH建筑中，他们可为所有来访人员讲解，将该建筑作为一个实验室，基于其系统开展研究，并对居住在该建筑的住户进行调研。与其他两栋建筑不同，Madison在其设计或施工期间，学生没有参与任何互动。当地的社区学习活动则与 Madison 和 Archspace 有较多联系。总之，ZNETH 将继续作为一个教学环境对新学生开放；而另外两个家庭现在和今后，仍将处于较被动的静止的教学状态。

■ 三栋房屋都融到各自的街区中，因此吸引了居住在该区域的人们。公众与 ZNETH 的接触已经大大超过了其他两幢建筑。ZNETH 房屋的信息相比在林肯市的另两家也更容易获得。然而，在施工过程中，附近的居民与 Archspace 互动性最强。

■ ZNETH 和 Archspace 都是分别建在奥马哈和林肯的市中心附近的已有地块中。Madison 则是建立在林肯市区边缘的新项目区域中。鉴于此，ZNETH 和 Archspace 对场地环境产生了相对较小的影响。而 Madison，除了本栋建筑的建设，其周边的人工池塘，以及新增的基础设施，设备和住宅都对原本自然环境产生了相当大的影响。

■ 对于 ZNETH，建设重点的一部分是减少废物，并回收所有可以被回收的废物。其目的是尽可能少的将废物运往垃圾填埋场，建设过程中，多余的混凝土都被埋在了现场。其他两栋建筑都采用了施工回收的做法，但并未达到 ZNETH 的程度。

技术领域

■ 所有三栋住宅都装配有低技术的自然系统，但都仍需要暖通空调系统及电力设施辅助。

■ 所有三栋住宅都使用能源之星（Energy Star）电器，并且都没有用白炽灯照明。ZNETH 的设计考虑了周期性更新的可能性，而其他两者都还没有。Madison 和 ZNETH 使用能量回收通风系统，这是市场上最新式的暖通空调系统。所有三栋住宅都有很好的保温隔热措施，以避免不需要的室内外热交换发生。三栋建筑之间最大的差别是，ZNETH采用了多种保温隔热技术，以便通过实践确定最好的措施。此外，随着新产品新技术的研发，可以随时更新系统和材料，以便进行测试。

■ 在为ZNETH和Archspace选择建造场地时，备选交通是其主要考虑的问题之一，而Madison似乎未考虑到替代交通措施。

■ ZNETH配备了地热采暖，地面降温，无水箱热水器，以及光伏系统和垂直轴风力发电机。Madison配备了太阳能光伏板，地热系统，包括地热热水器。Archspace有两个风力发电机和一套地热系统。对于Madison，设计中拟使用人造池塘来实现地热系统，而ZNETH和Archspace则直接使用土地。ZNETH和Madison理论上应该能够产生比它们的消耗更多的能量，能量可以出售并直接输回电网。而Archspace则不能产生足够的能量来维持自身的日常能耗。

经济领域

■ ZNETH和Archspace可仅依赖现有的基础设施，而Madison作为一个新的郊区发展项目，需要新建基础设施。

■ 图38和图39提供了三栋建筑的成本图形化分析。

■ 考虑到投资回报率的不确定性，仅就可替代能源设备及其安装的耗资的考虑，总体估测最先获得投资回报的将是Archspace，其次是ZNETH，最后是Madison。

■ 能源生产量在Madison和ZNETH都可以进行监测。但ZNETH的监测是相当广泛的。能源的使用和生产在ZNETH都可以由用户进行监测并调整，而在Madison仅能进行观察；Archspace则没有设置这样的功能。

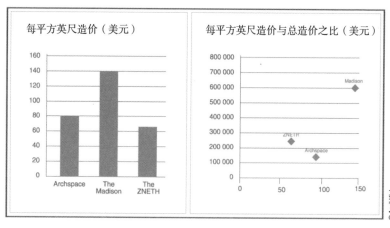

图38　每平方英尺造价对比　　　图39　总造价对比

公共政策领域

■　有些奥马哈市当地的政策，使一些替代能源或可持续方法的使
用，在住宅建筑中难以实现。然而，ZNETH 对限制进行了挑
战，使公共政策得到质疑，并已影响其进行了修改。Madison 和
Archspace 两个项目则没有面临这些问题。

■　只有 ZNETH 需要面对公共政策对节约用水的规定；其他两者并
没有此类需要。

■　所有三栋住宅建筑都与建筑工业厂商有所接触，但 ZNETH 有一
些非常具体的细节和复杂的系统需要建设，所以与众多厂家的
直接交流是必要的，在施工期间的一些始料未及的情况也需要
沟通交流。Madison 项目的承包商 Rezac builders 通过自身的调
整，在建设过程中没有过多的沟通和交流。Archspace 住宅并没
有像 ZNETH 那样对建筑工业产生影响，但其建造过程确实使一
些机械、电气和管道承建商受到可持续理念的影响。

■　所有三个住宅项目都在一定程度上，为所有人提供了一个范例。

其中，ZNETH 在作为一个住宅的同时，也是一个用来尝试新技术和新材料的实验基地。目前为止，ZNETH 产生了最大的影响，其次是 Archspace。但如果加大宣传力度，Archspace 很有可能因为其相对低廉的成本而获得比 ZNETH 更多的关注。

图40～图43　改造后的斯图尔德住宅（一）

第9章 使用后评估：EcoSTEP^{SM} 工具的另一个应用领域

1993年，本书作者，W·塞西尔·斯图尔德购置了一栋有97年历史的小型商用建筑，并将其改造成一套多单元的住宅。他与夫人的生活起居使用一套，另外还有两个套间面向低收入群体租赁。利用EcoSTEP^{SM}工具，他们将这栋建筑作为既有建筑使用后评估的案例进行了研究。下述可持续性评价指标可以说明这栋已建成的建筑在改造成为城区住宅后的可取（或不足）之处：

斯图尔德的住宅可持续性评价指标

*表示关键性评价指标

环境方面

■ 对市中心区绿化建设产生了影响*

© W. Cecil Steward

图44 改造后的斯图尔德住宅（二）

- 推广了绿色设计和绿色施工
- 使用了节能材料*
- 保持了拥有97年历史建筑的原貌
- 再利用并回收建材
- 展示节约能源与步行可及化的生活方式*

社会文化方面

- 提高艺术化意识
- 增加了社会互动*
- 通过住宅的不断开放参观增进社区学习
- 为年迈父母提供无障碍的居住环境*
- 为社区增加低收入者住房
- 提供了案例研究及教学的环境
- 改进沿街景观风貌

技术方面

- 全球联网／虚拟办公室*
- 使用了低技术的自然系统
- 充分利用周边环境
- 节能系统
- 使用可循环技术*
- 材料使用中倡导废物利用
- 增加公众对替代私家车交通系统的关注和应用

经济方面

- 使用现有的基础设施及建筑
- 为低收入群体提供廉租房*
- 避免建筑场地的闲置*
- 良好的投资回报*

- 提供本地的就业机会*
- 公共资金扶持个人资金*
- 增加城市税收

公共政策方面

- 响应替代能源政策
- 通过研究的绿色建筑开发项目
- 扩大优先使用公众设施的影响*
- 促进了市中心区复苏发展
- 促进了城市整体发展计划的修编*
- 对市区总体规划的影响*
- 响应节约用水政策

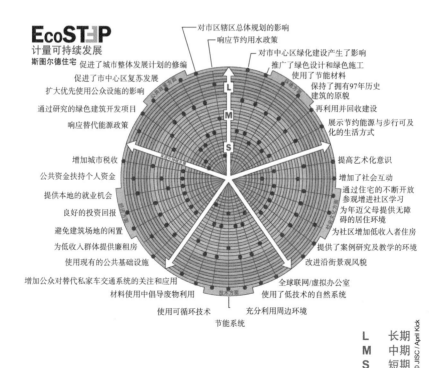

图45 斯图尔德住宅的使用后评估

87

关于这些分析工作的总结

能源使用效率，在既有建筑改造和新建筑建造中，是无可争辩的最紧要的环节。现在，以及未来50年时间，能效问题将一直是建筑设计、规划、政府管理中遇到的问题。联合国经济委员会欧洲（和北美）分会的研究数据显示[71]，目前最合适的节能焦点就是住宅建设，但这并不意味着政府、专家、公众可以以不同程度关注整个社会可持续发展的其他各个方面。包括环境保护及濒危资源与栖息地保护，社会机会均等和文化遗产保护，适当的、平价的科学技术，不会拖垮下一代人的经济发展，以及完善的贯彻于各个角落的社会可持续发展公共政策，使得各地的人和自然生物能够受益。

第10章　可持续性计量法的内在关系和价值结构

为了确认给予项目审议和设计规划充分完整的社会可持续性考虑，五个领域之间的相互关系及价值需要有一个统筹明确的指导框架。每个领域内的具体指标确认也是如此。在实践中，可持续发展决策的整体目标是能够实现自然资源保护、周期循环的平衡发展，而五个领域当中和相互之间的协调与平衡就是寻求这种可持续发展状态的具体操作。

实现这个目标意味着，各领域之间关系和价值的框架设定方式必须能够适用于所处的环境和存在的问题。这也意味着，整个评价过程应该规范化，可重复运用，也可复制到新的动态环境中去。这正是EcoSTEP^{SM}工具的初衷。

这个工具的逻辑方式不是要求为五个领域分配同等的价值，也不是为了将所有可持续性指标之间都套上关系。但它确实诉求在平衡各个领域关系的同时把环境领域放在头等重要的位置上，至少比其他四者比重更大。其他四个领域各自被赋予一个分配值，合计起来共同辅助，实现环境保护的预期成果。

因为EcoSTEP^{SM}工具要求各个领域及其中的指标相互关联，而且各个不同领域之间存在逻辑差异，因此，确定EcoSTEP^{SM}图表中的一个可持续评价指标相对于其他指标之间的关系和影响是一项理清复杂定义的工作。所以，为领域和指标各自分配固定的权重值是非常重要的。

图48表示在一个理想的可持续状态中，每个领域都被赋予10的权重值。而在一个消极的（衰退的）状态下，以下各点被分配为：

■ 环境领域分配10分的权重值，并细化分配到本领域内的评价指标中。

■ 社会文化领域分配4分。

■ 技术领域分配4分。

■ 经济领域分配6分。

■ 公共政策领域分配8分。

这种赋值的方法也可以理解为用默认权重值10的百分比来给领域内每个指标赋值。当然每个领域总权重值并不一定为10，因为它可能因为领域当中指标的缺失和值的变化而改变。以致在最终结果中，这种指标值的变化会使某个领域相对于其他领域的重要性有所突显。换句话说，值的不同体现了各个可持续发展指标之间的数学关系。

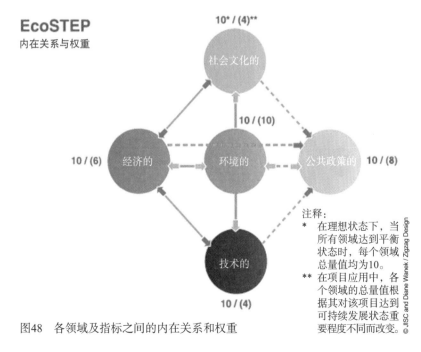

图48 各领域及指标之间的内在关系和权重

图48是基于那些成功的可持续发展开发项目的实践情况，建立起来的各个领域之间的重要关系（实线表示强烈的直接关系，虚线表示间接关系）。

图49中，依据比例为每个不同领域中的可持续指标都分配了数学赋值（图中以前面介绍的增长社区案例研究的指标集为例）。如环境领域的赋值为10，平均到三个评价指标，每个指标得到3.33的赋值。

为举例说明本工具的应用，图50展示的计量图表是前文介绍的

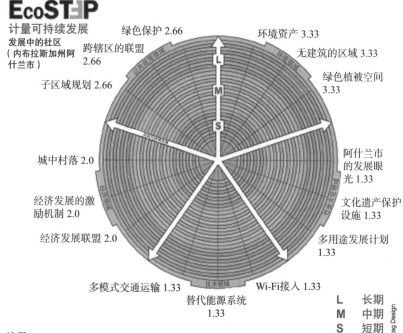

注释：
* 在理想状态下，当所有领域达到平衡状态时，每个领域总量值均为10。
** 在项目应用中，各个领域的总量值根据其对该项目达到可持续发展状态重要程度不同而改变。
*** 在计算各领域实际得分时，每个单项指标都有相应比例的量值。指标之间互相影响，无成效指标及其相应影响其他指标的量值要从其所影响的领域中相应地扣除。

图49　标记可持续性指标权重值的EcoSTEP^{SM}图表

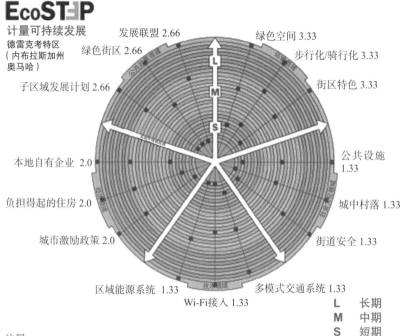

图50　带有状态标点的EcoSTEP^{SM}图表

注释：
* 在理想状态下，当所有领域达到平衡状态时，每个领域总量值均为10。
** 在项目应用中，各个领域的总量值根据其对该项目达到可持续发展状态重要程度不同而改变。
*** 在计算各领域实际得分时，每个单项指标都有相应比例的量值。指标之间互相影响，无成效指标及其相应影响其他指标的量值要从其所影响的领域中相应地扣除。

奥马哈市德雷克考特区的城市复兴发展项目。在这个模型中，我们假定一个在公共政策领域中的指标，和一个在经济领域的指标，在向可持续发展过程中没有获得任何进展，也就是说，这个城市在完成一些预期指标时失败了(在图51中标记为"XX"的指标)。因此，这些指标预期产生的价值应从剩下的与公共政策和经济领域有关的指标中扣除。因此，图表中的受影响指标的标记点的位置应相应的根据所减少的价值做出修改。

　　具体来说，其中的一项或多项指标的消极作为（或不作为）对

93

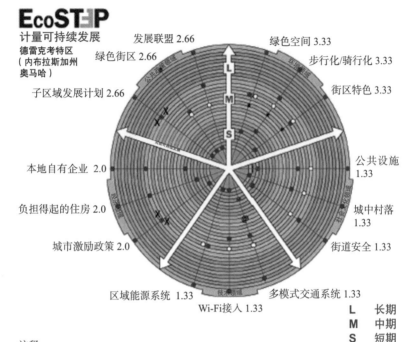

注释:
* 在理想状态下,当所有领域达到平衡状态时,每个领域总量值均为10。
** 在项目应用中,各个领域的总量值根据其对该项目达到可持续发展状态重要程度不同而改变。
*** 在计算各领域实际得分时,每个单项指标都有相应比例的量值。指标之间互相影响,无成效指标及其相应影响其他指标的量值要从其所影响的领域中相应地扣除。

图51 进行了无成效指标影响计算并重新标记的EcoSTEP[SM]图表

其他指标所产生的影响,可以通过预判或者说是人工调整的方法,详细过程如下。

1. 将各个领域中最合适的指标添加到EcoSTEP[SM]图中,保证每一个指标必须是可测量的,其监测数据能够随时间变化获取和计算(图50)。最初的关键指标应通过专业的判断和评价,由项目利益相关者达成共识,或通过对与项目相关的公共社区的代表调查研究获得。

2. 在EcoSTEP^{SM}图上的射线上定义了可持续性指标后，将各个指标的现状以10分为满分在图表的短期范围内打分。图50的例子表现的是一个在现有社会下的已建市区，这个城区计划9年内实现可持续的发展状态（如果项目图是用来表示一个新的、尚不存在的项目或产品，那么短期范围可以用来确定一个短时间内，如一年、两年、三年的一个预期的进展值）。

3. 在中期范围的区间内，将每个指标所预期或者需要达到的进展或状态标记在图表上，然后在长期范围区间内做同样操作。在这个德雷克考特区的案例中，中期时间范围为6年内，长期时间段为9年内。通过对指标的状态进行真实的结果预估，通过最专业、实际的判断，最终在各指标射线上标记点的位置。

4. 举例说明，假设两个最初预定的指标没有实现。比如公共政策领域中的子区域发展计划指标（标志有"XX"），以及经济领域的城市激励措施指标（也标志为"XX"，见图51）。子区域发展计划指标有一个预定值为2.66，城市激励措施有一个预定值为2.0。在图48"各领域及指标之间的内在关系图表"中，我们已经指出公共政策领域和环境领域之间的直接关系；同样，也显示了经济领域和环境领域的直接关系，及其与社会文化、技术、公共政策等领域的关系。

5. 这些关系要求，未完成指标的赋值应从受其负面影响的其他指标的总和中减除。根据赋值的变化，图表上点的位置被重新放置（标记为白点）。我们可以看到，由于没有完成子区域发展计划和城市财政激励措施，环境领域的很多指标远远偏离了预期的发展状态，社会文化领域和技术领域的指标也同样受到了影响。这种交互式动态的呈现，强调了可持续性指标之间相互依存的关系。

6. EcoSTEP^{SM} 制图过程的下一个步骤可能是利用颜色和大小不同的点的形式，来形象地表示对特定指标的预期的优先级和紧急性。

目前乔斯林研究所正在开发相关的软件，将允许操作者在假定任何指标改变的情况下，研究总体情况的变化。在未来的软件中，操作者将能够分配新的、不同的优先级到单个指标，观察这样的决定对其他指标的影响，并加深对五个领域关系的理解。操作者将能够在 EcoSTEP^{SM} 工具面板中自定义可行优先级和关键目标的形象表示方法。该软件还将允许用户追踪一个可持续状态中所有特定指标的年度或定期发展状况。

可持续计量工具的自动化改进，将对我们保护有限的和不可再生资源的过程决策、通信和测量起到促进的作用。对于建造项目、人造产品或者自然环境，作为设计者、策划者和管理者，我们担负着保护性发展、保护性开发的艰巨职责。

结　　语

在本书的开篇，我们描述了下述三个目标：

■ 帮助读者理解可持续性五个不可缺少的领域（代替最初的可持续性状态只受三方面影响的概念），并了解它们之间的相互依存、相互作用的关系。我们列举了很多当下的实例，包括各种类型城市或社区的发展案例，并通过对科学技术领域、公共政策领域以及被我们扩大涵义的社会文化领域的认真思考，总结出了一些重要结果和证据。与那些以保持现状为目的的尝试进行对比，以五个领域为基础的发展模式清晰的构建出来，相信我们已经在一个发展的探索模式下，诠释了一个以保护为基础的生活理念和实践方式，在维持地球自然系统的同时实现多种多样的人类发展。

■ 我们将线性的、简化的思想，与一种对最优可持续发展结果进行分析的思维过程进行了对比，相比之下，后者具有整体性、相互依赖性、交互性。西方文化的发展最终还是认为，在物理上、知性上和生物学上，一切事物都是相互关联的。这个相互作用、相互依存的系统明确而清晰，对19到20世纪的直线性的、单一问题处理的笛卡尔模式的计划框架提出了挑战。我们说明了这种相互作用的思考和计划模式，会使我们能够掌握最好的时机来处理相互依存下的混乱，并通过我们人类的行动，来降低原先那些无意识的、消极的对环境产生的影响程度。

■ 分别在模型、评价指标、项目规模和应用等层面上，展示了计量可持续性工具——EcoSTEP[SM]，在设计和计划（或其他有意改造现有环境的可持续发展的意图）转化为期望成果的过程中，这个工具发挥了很大的应用价值。我们已经通过EcoSTEP[SM]工具的应用，介绍了计量可持续性的理论体系、组织结构和应用模型。在我们也在案例的阐述中坚持说明保护自然资源过程中，设计者、规划者、城市管理者、社区领导者担任着首要的责任。产品的生产，社区的规划和设计，城市对能量、水、材料、食物和土地的需求，都是生命过程所必需的。基于此，我们有责任约束对各种资源的消费和消费主体，保障所有人类行为，都在对有限、不可再生的资源可持续利用的前提下进行。

可持续性计量是一个衡量生产产品、改造环境等人类行为的新范式。整个思维模式和推荐过程的体系主要是为了解决我们所认知的这个社会的可持续发展问题（也是关乎人类存亡的问题）。像那些性能指标、立案、LEED建筑标准、认证计划等一样，每个体系都有标准。区别在于，我们可以把这些标准当作最佳情况下的目标，或者把这些标准看成必须完成的最低目标，并在其基础之上，继续赢得更大的进步、提出更有创造力的未来发展方案。

历史已经证明了人们寻求改革、创新想法、改变方式来提高生活的质量的天性。当我们认识到如何决策将对未来产生深远的影响，必将激发我们继续探索，继续寻求。

这个过程中，衡量是非常关键的。它提供了对于成长和发展必不可少的东西：反馈。所有的生命都是因得到反馈而兴盛，因缺少反馈而消亡。所以，我们不得不实时了解，在我们周围发生着什么，我们的行为如何影响周围，环境如何变化，我们如何变化。如果没有这些信息，我们就不能适应或发展。没有反馈，我们就会陷入旧的惯例，陷入无法接触新事物的困境中。作为人类，我们生存的时间还不算长。对于任何生存系统，反馈在一些重大的方面不同于衡量：

■ 反馈是自发性的。个体和群体都只关注任何它们认为是重要的东西，而忽略其他任何事物。

■ 反馈依赖于周围环境。关键的信息在时时刻刻更新着。不关注现在，或者过于关注过去，都是非常危险的。

■ 反馈是变化的。个体或系统选择关注什么，是会根据过去、现在和未来变化的。在死板的分类和领域内寻找信息，将会导致盲目和无知，这也是很危险的。

■ 新的和意外的信息都可以介入，它们没有确切的界限定义。

■ 反馈是贯穿生命始终。它提供如何保持个体生存所必需的信息。它也能够提示何时需要开始进行适应和成长。

■ 反馈使事物发展趋于适合性。通过不断的反馈交换，个体和其周围环境都能够向着共同的可持续方向发展。[72]

可持续性计量法兼有衡量和反馈，为了真正发挥它的作用，我们需要认识到发展过程的动态性、可塑性，并在各种截然不同的发展背景下考虑，并且让足够多的用户和利益相关者参与进来。

我们共同使用自然资源进行的建设或制造中，其设计、计划和决策的过程必须尊重并遵守保护自然的理念。这个理念应该在所有制造业、建筑业、和与人类相关的开发中，起到重要的控制作用。在这种努力中，我们应该在将自然资源交付使用之前，确切的了解我们的计划是否是可持续的。本书中的计量可持续模型，以EcoSTEP[SM]为工具，给予所有决策者一个机会来提高认识，引导更好的结果，做出更全面的决策。

　　作为设计者、规划者和决策领导者，在全球范围，发达或不发达地区，我们肩负着改善不可持续环境条件的艰巨的任务。我们必须为了可持续的未来而设计和计划，为了进步和长远发展而权衡当下和近期的情况，并拥有足够的信息和胆量来支配和决策。因为我们的未来，我们的后代的未来，正依赖于今天所做出的决策。

　　承担这样的责任，寻找富有活力的、高效率的、合理的解决方法是人类必须做的。我们只有一个家园可供生活，但是对于如何生活却有很多选择。

附　　录

本部分以本书中一些建筑功能不同的建筑案例为对象，对五个可持续性领域中的评价指标体系进行举例：

卫生保健设施 | 医院
环境领域

- 节约用水措施（室内节水、室外节水）
- 雨水的管理和景观灌溉的实践
- 碳排放物的控制
- 绿地/景观园林的拓展

社会文化领域

- 室内空气质量/健康环境
- 使患者住所的品质与医疗理念和实践的品质相匹配
- 在所有消耗品的生产过程中，使用绿色材料，循环利用，注重从生产工艺上减少废料的产生

技术领域

- 应用当地的可替换的能量生成系统
- 在任何可能的地方应用节能技术
- 应用能量监控技术（也适用经济领域）

经济领域

- 采用能量（成本）核算体系，运用月度能量消耗技术；按季度报告系统使用开销

- 计算技术改造的设计和安装费用，并计算出由此带来的能源节约产生的期望回报的清单
- 计算由于阶段性低碳排放量改造，带来的经济（或者环境）的成本效益情况

公共政策领域

- 每个园区各自公布一个带有明确的公司可持续发展标准的设备维护（操作）手册
- 为了当地能源生产和保护措施，与城市政府协商建筑和安全政策，并与公共事业企业协商运营和经济影响
- 为了改造的设计和施工，编制一个阶段性的全企业范围的可持续性总体规划

选择指标时要考虑的关键问题

环境方面

- 应减少像污水运输和冲洗等建筑功能对饮用水的消耗，自来水应该尽量节约，为其他更多的城市功能所用，比如饮用和洗涤。节水的措施应该包括使用低流量的水管装置，双冲水厕所，无水男用小便器，高效的洗碗机和洗衣机，同时还可在水龙头和淋浴头上安装集成的传感器和时间控制装置。
- 带有湿度传感器的高效灌溉系统，应该代替现有的标准时间循环灌溉系统。在所有可能的地方，雨水的收集和园区中水系统应参与景观灌溉工作。
- 选择将不可渗透材料的表面替换成可渗透材料，以减少雨水的流失和汽车的污染残留物。考虑根据园区自然地势位置，合理设置雨水沟渠，减少雨水进入城市下水道系统流失。也要考虑每个园区的雨水收集装置和配电系统。
- 可持续的景观设置应该包括低排放、节能措施的机械维护设备，栽种低耗水、抗旱的本地植物，使用草屑、落叶和食物残渣制

作的堆肥代替化肥。

■ 对于基本上依靠低效率的煤炭燃烧进行能量供给的地区，应考虑与当地公共事业企业的商议，在能源供应中部分使用可再生能源。

■ 考虑设置能量产生技术的设备，比如太阳能、光伏发电或风能。运用购电资金，在购买电力的同时，建造本地自发电设备将是一个战略上的发展机会。

■ 考虑一个树木种植计划，以抵消健康园区的碳排放。比如，为在医院的每个生产分娩相应种一棵树，将成为一个重要的政府森林工程和一个好的公共利益项目。

社会文化方面

■ 改善室内舒适度的操作变化可以获得节约能源的一个额外的好处，包括在适当的区域进行高压交流电的夜间逆流，以及在外界气温较低时增加校园冷冻水供应。为了提高能效并改善室内环境的质量，企业应该考虑如下改造：

■ 当需要更换时，安装更加高效的电机

■ 将变频装置安装在所有超过10马力的电机上

■ 用变风量系统装置代替低效的定风量系统。

■ 自然光的收集，照明电器的维护，采用低透射率玻璃窗和建筑外墙隔热罩来降低建筑西向和南向外墙的热量获取，以增加病人和员工的舒适度，提高病人满意度和员工工作效率；玻璃窗和墙体的改造可随着建筑现代化程度的发展，在建筑翻修、改造阶段进行。

■ 考虑为每个园区委任一个企业的绿色主管团队。所有来自消费产品和服务的废物，包括包装、使用过程、饮食服务和医疗操作等带来的废物，都应该属于绿色主管团队的管理职权范围。

技术方面

■ 园区建筑屋顶结构大部分应是平顶结构。这些位置对于未来安装太阳能和风能发电设备，提供部分园区离网发电来说是很理想的。

- 在员工停车场的停车棚上，选择合适的外表面位置安装光伏系统，这也提供了一个理想的公共意识宣传的机会。

- 建议对所有的紧凑型荧光灯泡做3～5年的定期维护和更换。

- 其他推荐的技术：在没有固定占用的地区，为照明开关安装动作传感器，将所有显像管显示器和电视更换为液晶屏幕，在行政工作区域提供低功率的工作照明；将电热辐射加热器更换为电阻加热器，对于不属于能源之星标准范围的笔记本电脑、电脑、传真机、复印机、扫描仪、饮水机、微波炉和冰箱等，给予适当的更换。

- 考虑任命绿色和可持续体系协调员，通过实施居住者教育、需求方管理、现场测量、建筑的节能改进、能源审计和节能减排计划等方式，实现每个园区的监督，减少能源消耗。协调员也可以监督废物管理、绿色设施的采购等工作。

- 每栋建筑都应该具备独立计量系统，按月计量消耗情况，并计量电、天然气、冷冻水、自来水、中水和雨水的回收和使用。

- 在所有主要的园区，应实现对能源和水的使用情况的实时监测，相关基础设施应被开发并绑定到自动化的中央控制中心。

经济方面

- 得到推荐的新的和改造的技术和可再生能源的应用，能够带来更低的运营成本和新的卫生保健设施建设的税收。

公共政策方面

- 最后，每个园区都应该有一个碳排放审计，对提供可持续发展总体计划起辅助作用。

- 所有与卫生保健服务的基础设施和操作相关的城市和国家政策，应重新受到审视，以减少其与企业关于节能和环保的目标之间的冲突和障碍。

建筑 | 城市住宅 / 商业建筑物的改造
* 表示该指标应在本领域中，比其他指标拥有更高的优先级或更大的价值

环境领域
- 在绿化景观影响下的市中心*
- 有影响力的绿色设计和施工
- 节能材料*
- 保存现有的建筑物
- 可重复使用的和循环使用的材料
- 可步行性 / 节约能源的出行*

社会文化领域
- 艺术意识
- 增加的社会互动*
- 通过开放建筑促进社区学习
- 为老人提供的特殊居住环境*
- 保障性住房
- 教学环境
- 沿街环境的改善

技术领域
- 全球联网 / 虚拟办公室*
- 使用低技术的自然生态系统
- 利用周边环境
- 节能系统
- 使用回收技术*
- 二次使用材料的利用

■ 选择性的运输系统计划

经济领域

■ 使用现有的基础设施

■ 通过经济适用房援助低收入者*

■ 为清除疫病做贡献*

■ 良好的投资回报*

■ 通过雇佣对当地经济做出贡献*

■ 公共资金撬动私人资金*

■ 增加城市的税收收入

公共政策领域

■ 可供选择的替代能源政策

■ 研究绿色建筑方案

■ 受影响的公共限行权的使用*

■ 促进的市区复兴发展

■ 促进了城市整体发展计划的修编*

■ 对市区辖区总体规划的影响*

■ 节约用水策略

建筑 I 高能效房屋 / 新建工程

环境领域

■ 可持续材料的使用：二次使用材料和再生材料

■ 节约用水的实践

■ 碳排放量的减少

■ 景观美化的扩展

社会文化领域

■ 教育环境

■ 对附近公众的影响

- 场所位置的影响
- 回收利用的实践

技术领域

- 低技术自然系统
- 节能系统和更新改造
- 可选择的替代交通计划
- 替代能源资源的使用

经济领域

- 使用现有的基础设施
- 经济负担能力
- 投资回报率/成本收益分析
- 能源监测和调整

公共政策领域

- 可供选择的替代能源资源的政策
- 对节约用水政策的影响
- 对建造工业的影响
- 影响并改进居住建筑的意向

建筑 | 地区的节能房屋

环境领域

- 在当地气候背景下的最大化生态效益
- 最大限度地减少对不可再生自然资源的使用或消耗
- 从建设、运营和维护等方面,减低社区住房的碳排放

社会文化领域

- 安全、健康和文化上适宜的住房,同时价格公平,负担得起
- 可持续发展领导能力的培养

■ 通过教育，使人们的行为和生活方式趋于节能生活

技术领域

■ 能够产生能源并提供能源净值的私有建筑物；使用监控技术

■ 居住区范围内分享供应流、废物流，并使用可供选择的再利用系统

■ 消费者信息系统，提供关于绿色技术、内涵能源、系统性能标准、成本收益档案的信息

经济领域

■ 生命周期，成本效益信息系统

■ 长期的基础设施建设的公共（或私人）伙伴关系，以支持各种分类别的技术

■ 保障无碳排放系统的增量资金的综合计划

公共政策领域

■ 政策范围 I。能源效率的管理和金融基础设施

■ 政策范围 II。能效标准和技术集成

■ 政策范围 III。能源效率和公共住房的许可

区域基础设施 | 州际公路走廊区域

环境领域

■ 绿色区域

■ 沿路带状的景观规划

■ 交汇处的景观规划

社会文化领域

■ 公共艺术

■ 信息系统

■ 地区发展计划

技术领域

- 多模式交通运输系统
- 统一引导标识
- Wi-Fi 的使用入口

经济领域

- 发展建设税
- 公路交会处的发展计划
- 发展委员会

公共政策领域

- 经济章程
- 政策覆盖区域
- 无建设的区域

选择指标时要考虑的关键问题

环境方面

- 沿州际公路的保护区的长度，保护公路走廊两侧500码的绿色植被
- 走廊景观规划，确定实施保护的长度
- 公路走廊沿线的每个交汇处的景观计划，实施计划的交汇处的数量

社会文化方面

- 沿公路，在休息站和交汇处考虑"百年公共艺术计划"
- 在休息站设置展览和信息系统
- 内布拉斯加州的规划信息展示系统："内布拉斯加州视野"

技术方面

- 贯穿公路走廊的多模式交通运输系统

- 在场所和社区范围，设置统一的标志系统
- Wi-Fi 接口和沿公路走廊的可供选择的替代能源技术

经济方面

- 在公路走廊 / 交汇处的每一侧的 2 英里范围内，征收经营和发展的交通税及消费税
- 新的和现有的公路交会处都需要制定发展计划，计划的制定是建立在公共利益和私人利益共享成本的基础上的
- 沿走廊的经济规划和发展委员会（也就是连贯的社区市场），由市级、县级、利益相关者等方面的代表组成，共商公路走廊两侧 10 英里范围内的经济利益问题。

公共政策方面

- 能够使得上述经济条件生效的章程议案
- 所有现有和将建设的公路交会处和州际两侧 2 英里宽覆盖区的标准体系
- 在沿公路走廊两侧的 500 码的最小宽度内和出口周围，设置无建筑的绿植空间

区域发展管理 | 区域发展中的社区

环境领域

- 环境资产
- 无建筑的区域
- 绿色植被空间

社会文化领域

- 文化遗产设施
- 阿什兰市（俄亥俄州）的发展眼光
- 多用途发展计划

技术领域

- Wi-Fi 接入
- 可供选择的替代能源系统
- 多模式交通运输

经济领域

- 经济发展联盟
- 经济发展的激励机制
- 城中村

公共政策领域

- 子区域规划
- 跨辖区的联盟
- 绿色保护

选择指标时要考虑的关键问题

环境方面

- 所有环境资产的调查
- 对环境资产/自然资源的指定保护；指定无建筑的区域
- 通过新的绿地、街景和公共娱乐设施的建设来加强绿化

社会文化方面

- 文物/历史的可持续保护及面向公众的开放
- 全社区范围的未来建设愿景
- 旨在提高混合使用，可步行、可骑行的具有城中村特性的发展原则

技术方面

- Wi-Fi 设施覆盖整个社区
- 对于可选择的替代能源技术的激励政策和建设

■ 通过多模式运输系统实现与地区相连接的阿什兰市

经济方面

■ 根据五个可持续发展领域的管理原则和战略，建设社区经济发展联盟

■ 为了鼓励开发商依据社区发展计划进行开发，设置多种公共资金奖励制度

■ 为负担得起的住房、城中村生活方式、混合综合用途，以及本地自有企业的发展，制定具体的经济援助政策

公共政策方面

■ 综合计划的修订，以实现项目发展中的新建子区域，以及对土地、水、能源、材料和自产食品系统的保护

■ 跨辖区的联盟，在土地使用（如80号州际公路区域）上实现利益互助和发展模式共享

■ 建立法规条例，在所有新建建筑中，支持绿色建设和绿色发展

社区保护｜郊区

环境领域

■ 环境调查

■ 乡村计划

■ 无建筑区

社会文化领域

■ 食品营销

■ 社区食品计划

■ 市民支持

技术领域

■ 技术含量低的方法

- Wi-Fi 接入
- 多模式交通运输

经济领域

- 农村与城市的连接
- 产业的本地所有权
- 微观经济合作社

公共政策领域

- 子地区发展计划
- 服务计划
- 发展激励

选择指标时要考虑的关键问题

环境方面

- 选择1平方英里的现有农田，对其自然植被、地貌、水路和资源的现场调查；制定无建筑或保护地役权的环保要求
- 为平衡保护战略，乡村聚集住房的混合使用，以及有机耕作的土地使用制定计划
- 保持现有自然状态下的树木、河岸、流域

社会文化方面

- 使用连接当地或地区的社区和市场的方案，使消费者选择当地的食品和产品
- 社区和农业社区挂在郊区和农村联盟、生产商/市场、社区辅助农业
- 公民团体共同工作来保护土地、水、能源材料、食品系统

技术方面

- 在农耕、社区设计方面，使用可持续的、适当的或低技术的方

法；整合现有的农场结构。

- 整个社区的 Wi-Fi 无线网络覆盖
- 连接到该区域的多模式交通运输

经济方面

- 在餐厅、食品商店、机构和住宅单元，设置能够联系到本地市场的食品生产系统
- 根据当地需要，进行包括本地自有商铺的乡村住房发展
- 居民之间组织的微观经济合作社

公共政策方面

- 将社区保护计划，作为子区域补充计划，添加到乡村综合规划中
- 考虑到对服务的需求，以及绿色设计规划和发展优势，应确定社区和乡村之间适当的、可持续的以及负担得起的关系
- 村政府的保护开发奖励政策（例如，税收增量融资）

市区 | 毗邻中心城市核心的邻里区域

环境领域

- 绿色植被空间
- 可步行性 / 可骑行性
- 街区特性

社会文化领域

- 城中村
- 安全的街道
- 公共设施

技术领域

- 多模式交通运输
- Wi-Fi 接入

- 街区能源系统

经济领域

- 城市激励政策
- 负担得起的住房
- 本地自有企业

公共政策领域

- 子区域发展计划
- 绿色街区
- 发展联盟

选择指标时要考虑的关键问题

环境方面

- 绿色空间和街景的增加
- 可步行性和可骑行性的增强；与相邻区域的连通性和可以步行到达目的地的特性
- 升级建筑存量；街区拥有一个明显的特性

社会文化方面

- 新的多用途开发；城中村住宅的特性；在毗邻区域能够实现日常需要，多层次收入群体混合
- 安全的街道和公共场所；新的市民广场
- 对公共设施和艺术走廊的重视和建设

技术方面

- 街区内实施多模式交通运输方案
- 整个地区的 Wi-Fi 网络覆盖
- 针对街区能源和公用事业设备系统的可行计划

经济方面

- 填充式发展和新发展的城市鼓励政策
- 满足日常需要的商铺，与负担得起的住房和保障性住房并行开发
- 本地自有企业具有优先发展权

公共政策方面

- 市规划局和市议会制定子区域发展计划，将其纳入城市的综合发展计划中
- 指定覆盖全街区范围的绿色设计
- 街区市民发展联盟，成员包括街区范围内的业主、股东、企业、事业单位和区域内居民

城市核心 | 混合用途的城市中心 / 复兴建设

环境领域

- 城市景观绿化设施
- 东西侧的发展建设
- 购物步行街

社会文化领域

- 强调交叉地区节点的绿化
- 市民设施和艺术设施
- 市民广场

技术领域

- Wi-Fi 接入
- 多模式交通运输
- 自动化信息中心

经济领域

- 经济发展联盟

- 微观经济计划
- 负担得起的住房

公共政策领域

- 商场联盟
- 以绿色为主导的设计
- 多用途发展计划

选择指标时要考虑的关键问题

环境方面

- 继续建设并加强林肯市的城市园林及绿化设施（即行道树、水景装置、市政设施，和人行道上的艺术设施）。
- 将相邻的街道设计为一个对行人友好的、交通平静的购物街，建立街道之间可步行到达的连接，并建设绿地空间的节点
- 购物区的东西两端各建造一个主要的公共绿地

社会文化方面

- 对相交的艺术走廊和相交的步行商业街进行视觉上的强化
- 邻近的、可识别的市民和文化设施
- 将市民广场和周围重建的设施，设计成为市中心的室外会客厅

技术方面

- 在商业街推广Wi-Fi技术
- 沿市中心主干道设置多模式运输系统（从主干道入手，以推进整个市中心的流通体系的战略性重新规划）
- 在购物区沿街安装电子新闻和信息系统

经济方面

- 以商业和其他利益相关组织为主，建立市场的经济发展商会联盟
- 实施低利率的微观经济学方案，以实现本地自有企业的启动

（在当地的金融机构中进行可行性调查）

■ 经济适用房的战略计划

公共政策方面

■ 市场的优先权和时间表（由城市和开发商等代表组成的联盟来确定）

■ 所有购物区沿街的新发展要符合新政策

■ 城市规划、条例和分区法律明确的启用一个新的、对行人友好的、高效节能的绿色购物场所，它包括多种用途、混合收入群体的住宅以及零售和商贸设施，并具备协助未来市中心城市人口统计的功能

购物商场的改造 | 失败的大卖场

环境领域

■ 转换成为停车场

■ 可步行的街区

■ 公园

社会文化领域

■ 多使用功能的商场

■ 沿街住房建设

■ 市民活动中心

技术领域

■ 运输系统

■ Wi-Fi 接入

■ 街区能源系统

经济领域

■ 经济发展委员会

- 经济刺激
- 吸引地区的开发者

公共政策领域

- 子区域发展计划
- 公共经济刺激
- 城中村规划

选择指标时要考虑的关键问题

环境方面

- 转换成一个生态环境友好的汽车停车场
- 发展新的景观建设，使其对于周边街区来说，步行或骑行易达
- 转换成街区内的公园，以达到保护绿地和水景的目的

社会文化方面

- 将部分现有的商场改造为社区中心型设施（例如，托儿所、青年娱乐场、社区社交室、儿童博物馆、图书馆分馆等）
- 被混合收入群体住房保卫的商场；通过重新设计商场外表面，使其与沿街住房有良好的街道立面关系
- 商城转换形象成为城市的商业／市民活动中心

技术方面

- 将活动中心作为公共交通系统中的主站或目的地
- 商场区的 Wi-Fi 系统
- 街区可选择的替代能源（及公用事业系统）

经济方面

- 街区经济／规划委员会，用来监督该地区的规划和重建
- 鼓励再发展的城市激励政策
- 在相邻地区商场宣传本地的重建计划和意向；从本地组建开发

团队

公共政策方面

- 新的子区域发展计划，旨在将街区的新规划纳入城市综合发展计划中
- 对区域进行研究，并公开宣布重建的意向，以吸引公共资金
- 为街区制定分区地图，并修改城市条例，以使其能够适应城中村的发展计划

城市指标丨可持续发展措施

环境领域

- 饮用水的使用；污染的治理
- 水资源消耗率
- 废水处理比率
- 空气质量
- 产生的固体废物
- 固体废物的处置方法
- 再生材料的数量
- 被拆除的建筑物
- 人均公园土地，绿地资源
- 用于农场和用于开发的开放土地的面积
- 土地的使用

社会文化领域

- 城市的人口（人口统计）
- 发展的增长率或下降率
- 平均家庭规模和妇女为户主的家庭
- 经济适用房的不足或过剩
- 艾滋病或其他传染病

- 病床和医务人员的数量

- 儿童死亡率

- 福利和失业率

- 城中心学校和地区边缘学校的规模的比较

- 犯罪率

- 不同种族的人口、定居点、周围环境

- 房屋密度模式

- 当地生产食品的销售市场和销售规模

技术领域

- 能源

- 能源消耗率

- 公路的一般长度、类型、表面、保养周期

- 公共交通模式

- 出行时间及上班距离

- 汽车保有量和年销售额

- 粮食、生活必需品或能源运输距离

- 家庭基础设施之间的联系水平

- 再生建筑材料的使用规模

- 数字连接和公众网络

- 航空运输和客运服务

经济领域

- 家庭构造比例

- 收入分配

- 人均城市产品

- 商业、企业的本地自有率

- 贫困线之下的住户及其平均收入

- 非正规就业

- 城市和区域生产总值

- 税率

- 公共支出；基础设施；服务

- 进口和出口

- 地区范围、国家范围、国际范围的贸易网络和贸易额

公共政策领域

- 经济发展

- 公共资金和权益的分配

- 公共债务；债务偿还预算

- 健康、安全和福利方面的开支

- 发展管理

- 环境保护

- 透明的政府

- 发展公民领导能力

- 公共 / 私人合作伙伴关系

- 可持续发展指标的使用

- 监控发展过程；参与计划编制

参 考 资 料

1 World Commission on Environment and Development(WCED), 1987. *"Our Common Future,"* New York: Oxford University Press.

2 Joslyn Castle Institute for Sustainable Communities, 2004, *"Flatwater Report,"* www.ecospheres.com/flatwater_metroplex_final2004. pdf.

3 Steward, W. Cecil and Kuska, Sharon B., Ph. D., 2009, UNECE pape, abstract

4 WCED, op. cit.

5 Wheatley, Margaret and Kellner-Rogers, Myron, June 1999, *Journal for Strategic Performance Measurement*, "What Do We Measure and Why? Questions About the Uses of Measurement. "

6 ibid.

7 Frisch, Ragnar, 1933, *Econometrica*, Wikipedia, "Econometrics"

8 Hesketh, Therese, Ph. D., Li Lu, M. D., and Zhu Wei Xing, M. P. H., Sept. 15, 2005, *New England Journal of Medicine*, "The Effect of China's One-Child Family Policy after 25 Years. "

9 Leichenko, Robin M. and Solecki, William D., Aug., 2008, *Journal for Society and Natural Resources*, "Consumption, Inequity, and Environmental Justice: The Making of New Metropolitan Landscapes in Developing Countries. "

10 American Society of Landscape Architects, Jan. 21, 2010, www. asladirt, "The New Green Economy(Part 2): What Does a Sustainable Economy Look Like? "

11 Hawken, Paul, 1983, *The Next Economy*, New York, Holt, Reinhart and Winston.

12 Brown, Lester R., 2006, *Plan B 2.0*, New York, London, W: W. Norton&Company.

13 Slade, Giles, 2006, *Made to Break*: *Technology and Obsolescence in America*. Cambridge, Mass.: Harvard UP.

14 "Plastic Pollution: Save Our Shores. " Save Our Shores: Caring for the Marine Environment Through Ocean Awareness, Advocacy, and

Citizen Action. Web. Feb. 27, 2010. www.saveourshores.org/current-projects/plastic-pollution.

15 Find Recycling Centers and Learn How To Recycle. Web. Feb. 27, 2010. earth911.com.

16 ibid.

17 U. S. Environmental Protection Agency. Web. Feb. 27, 2010. www. epa. gov.

18 McLaren, Carrie. "Are Consumer Products Made to Break? An Interview with Author Giles Slade. " Web log post. Stay Free! Daily. 2006. Web. Feb. 25, 2010. blog. stayfreemagazine. org/2007/04/are_consumer_pr. html.

19 "The Story of Stuff. " Web. Feb. 26, 2010. www.storyofstuff.com/facts. php.

20 "Sustainability Is Sexy: The Environmental Problem with Coffee Cups. " Sustainability Is Sexy-Promoting Sustainable Coffee Cup Use. Web. Feb. 26, 2010. www.sustainabilityissexy.com/facts. html.

21 ibid.

22 ibid.

23 ibid.

24 Slade, op. cit.

25 Tamminen, Terry. "Made to Break Reveals the Roots of Our Throwaway Culture. " Grist. June 29, 2006. Web. Feb. 26, 2010.

26 Sustainability Is Sexy, op. cit.

27 Sustainability Is Sexy, op. cit.

28 Twitchell, James B., 1996, *AdCult USA*: *The Triumph of Advertising in the American Culture*, Columbia University Press, N. Y.

29 Wikipedia The Free Encyclopedia. Wikimedia Foundation, Inc. Web. Feb. 26, 2010. en. wikipedia. org/wiki/Planned_obsolescenc>.

30 ibid.

31 Fooducate, Oct. 25, 2008, "1862—2009: A Brief History of Food and Nutrition Labeling," www.fooducate.com

32 U. S. Green Building Council, 1993, Washington, D. C., "Leadership in Energy and Environmental Design(LEED)Rating System for Buildings," 1994.

33 Agenda 21, 1992, United Nations Conference on Environment and Development(Earth Summit), Rio de Janeiro.

34 The Johannesburg Plan of Implementation(Earth Summit 2002), 2002, Johannesburg, South Africa, "UN Millennium Development

Goals(MDG)".

35 The Worldwatch Institute, 2004. *State of the World: The Consumer Society*, New York, London, W. W. Norton & Company

36 UNDP

37 American Institute of Architects, 2007, "Municipal Green Building Programs, " American Institute of Architects, Washington, D. C.

38 Scottsdale, Ariz., Green Building Program, www.scottsdaleaz. gov/ greenbuilding

39 Kofi Annan, 2006, Secretary General, United Nations (1997-2006).

40 Ferdig, Mary, 2008-2010, "Nebraska Sustainability Leadership Workshops", Sustainability Leadership Institute and the Joslyn Institute for Sustainable Communties, Omaha and Lincoln, Neb.

41 Doll, Christopher, 2010, "The Population Paradox: Consumption is the Bigger, Fairer Issue," *Our World* 2.0, United Nations University, Tokyo, Japan

42 The Worldwatch Institute, 2007, *State of the World: Our Urban Future*, New York, London, W. W. Norton & Co.

43 U. N. Habitat, 2009, "World Urban Campaign," Citizens Network for Sustainable Development, www.citinet. org.

44 Steward, W. Cecil, and Kuska, Sharon B., published paper, 2007, Passive and Low Energy Architecture Conference (PLEA), National University of Singapore, School of Design and Environment, www. ecosphere.com

45 Meeting of the Minds, 2007, University of California, Berkeley

46 Steward, Kuska, PLEA paper, op. cit.

47 World Commision on Environment and Development, 1987, op. cit.

48 Steward, Kuska, PLEA paper, op. cit.

49 Olson, Richard H. and Lyson, Thomas R., editors, 1999, *Under the Blade: The Conversion of Agricultural Landscapes*, Case Study #13, W. Cecil Steward, "Lincoln Nebraska Public Schools System: The Advance Scouts for Urban Sprawl", Westview Press, Boulder, Colo.

50 World Watch Institute, 2007, op. cit.

51 Joslyn Castle Institute for Sustainable Communities, 2003, Omaha, Lincoln, Nebraska, www.ecospheres.com

52 Steward, W. Cecil, and Kuska, Sharon B., published paper, 2008 Creative Cities Conference, Naples, Italy, www.ecospheres.com

53 Dale, Ling and Newman, "Community Vitality: The Role of Community-Level Resilience, Adaptation, and Innovation in

Sustainable Development", January, 2010, Web publication

54 JISC, EcoSTEP^SM Tool, 2004, Flatwater Metroplex Report, Omaha, Lincoln, Neb., www.ecospheres.com

55 JISC, Envisioning Regional Design Charrettes, 2006, Omaha, Lincoln, Neb., www.ecospheres.com

56 Steward, Kuska, PLEA paper, op. cit.

57 Steward, Kuska, Creative Cities paper, op. cit.

58 JISC, Nebraska Sustainability Leadership Workshops(NSLW), 2008-2010, various locations, State of Nebraska, www.nslw. org

59 Steward, W. Cecil, 2002, Mayor's International Business Leaders'Advisory Council(IBLAC), Shanghai, China, www. ecospheres.com

60 ibid.

61 ibid.

62 United Nations Development Program(UNDP), 2003, "The Challenge of Slums: Global Report on Human Settlements", New York, NY

63 JISC, Flatwater Metroplex Report, op. cit.

64 U. S. Green Building Council, LEED standards, op. cit.

65 Capra, Fritjof, 2002, *The Hidden Connections: Integrating The Biological, Cognitive, and Social Dimensions Of Life Into A Science Of Sustainability*, Doubleday, New York, N. Y.

66 Yeang, Ken, 1995, *Designing With Nature: The Ecological Basis for Architectural Design*, McGraw-Hill, New York, N. Y.

67 Lowe, Ernest, 2001, "Circular Renewal System," *Eco-Industrial Handbook for Asian Developing Countries*, Asian Development Bank, Manila, Philippines.

68 Portland, Ore., 2010, "Metro Construction Industry Recycling Toolkit, "City of Portland, Ore.

69 JISC, EcoStores Nebraska, www.ecostoresnebraska. org

70 Steward, W: Cecil and Kuska, Sharon B., 2009, United Nations European Commission for Economics(UNECE), "Sustainometrics: Measuring Progress Toward, or Regression from Energy Efficiency and Sustainability," Vienna, www.ecospheres.com

71 ibid.

72 Wheatley, op. cit.

可持续性计量法

旨在实现设计，规划及公共管理中的可持续发展的评估计量工具——EcoSTEP[SM]

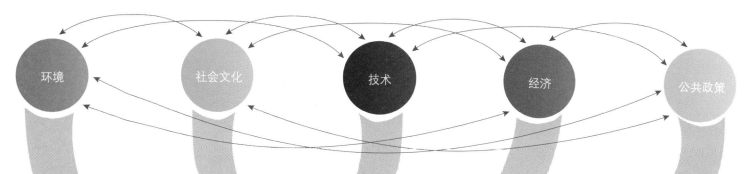

■ 五个领域的相互关联、相互依存的特性

环境　　社会文化　　技术　　经济　　公共政策

■ **基本特性**

- 五个评价领域
- 互相依赖的特性
- 在特定的环境中有特定的重要级别
- 每个评价领域都由可计量的评价指标组成——可用数学方法计量，数据取自共同的来源，不受时间制约
- 每个评价指标都以可持续状态为目标

- 短期、中期、长期的动态时间评价框架
- 为达到最佳的可持续状态，评价指标在各自环境下，各个时间段中都有不同的实施迫切性（严重程度）
- 评价指标在各个时间段中都有不同的相对优先级

- 在每个时间段中，为达到可持续状态，每个评价指标都有不同标记距离
- 注重所有评价指标之间相互依赖、相互影响的特性

■ **可持续性领域之间的关系、权重和优先级**

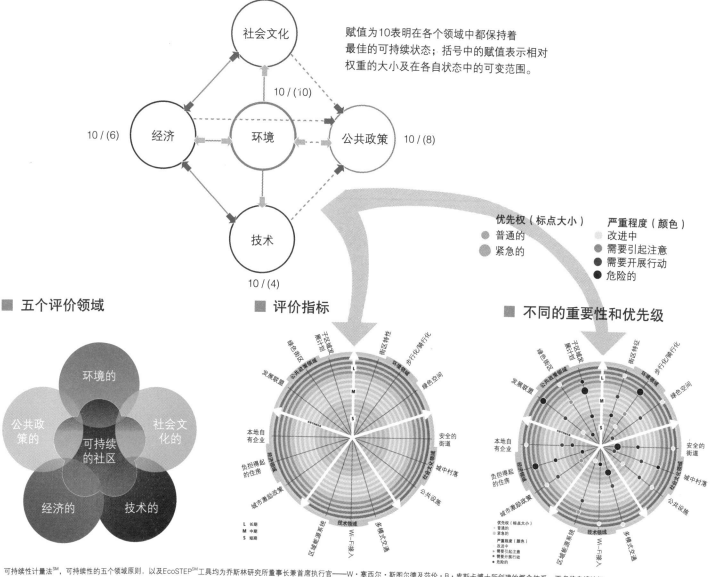

10 / (4)
社会文化

赋值为10表明在各个领域中都保持着最佳的可持续状态；括号中的赋值表示相对权重的大小及在各自状态中的可变范围。

10 / (6) 经济　　10 / (i0) 环境　　公共政策 10 / (8)

技术
10 / (4)

优先权（标点大小）
- 普通的
- 紧急的

严重程度（颜色）
- 改进中
- 需要引起注意
- 需要开展行动
- 危险的

■ **五个评价领域**　　■ **评价指标**　　■ **不同的重要性和优先级**

环境的
公共政策的　社会文化的
可持续的社区
经济的　技术的

可持续性计量法[SM]，可持续性的五个领域原则，以及EcoSTEP[SM]工具均为乔斯林研究所董事长兼首席执行官——W·塞西尔·斯图尔德及莎伦·B·库斯卡博士所创建的概念体系。更多信息请访问，www.ecospheres.com